电子技术实验

主　编　张玉平
副主编　张　岩
参　编　郝艾芳　肖　煊
　　　　于丽芳　王　波

北京理工大学出版社
BEIJING INSTITUTE OF TECHNOLOGY PRESS

内 容 简 介

为了跟踪电子技术的发展方向，开展电子技术实验教学改革，加强学生实践能力和创新能力的培养，按照高等学校电子技术基础实验教学基本要求，在总结多年实验教学经验的基础上编写了本书。

全书共分 7 章，主要内容包括：电子技术实验基础；常用仪器仪表的使用；数字电子技术实验；模拟电子技术实验；电子电路的计算机仿真；电子技术设计型实验；常用集成电路元器件，以满足基础型实验和设计型实验的要求。

本书可作为高等学校电气信息类、电子信息类及其他相近专业电子技术基础实验教材，也可供从事电子技术的工程技术人员及广大电子技术爱好者参考。

版权专有　侵权必究

图书在版编目(CIP)数据

电子技术实验/张玉平主编．—北京：北京理工大学出版社，2008.5
（2020.8 重印）
ISBN 978-7-5640-1314-1

Ⅰ．电… Ⅱ．张… Ⅲ．电子技术-实验-高等学校-教材
Ⅳ．TN-33

中国版本图书馆 CIP 数据核字（2008）第 032730 号

出版发行 / 北京理工大学出版社
社　　址 / 北京市海淀区中关村南大街 5 号
邮　　编 / 100081
电　　话 /（010）68914775（办公室）　68944990（批销中心）　68911084（读者服务部）
网　　址 / http：//www.bitpress.com.cn
经　　销 / 全国各地新华书店
印　　刷 / 三河市华骏印务包装有限公司
开　　本 / 787 毫米×1092 毫米　1/16
印　　张 / 10.25
字　　数 / 234 千字
版　　次 / 2008 年 5 月第 1 版　2020 年 8 月第 8 次印刷　　责任校对 / 申玉琴
定　　价 / 29.00 元　　　　　　　　　　　　　　　　　　　责任印制 / 边心超

图书出现印装质量问题，本社负责调换

前　言

在电子技术发展日新月异，大规模集成电路、计算机技术蓬勃发展的今天，新技术、新器件、新成果不断涌现，使电子系统的理论、电子电路的设计方法发生了巨大的变化。教育和教学改革的形势对高等院校电子技术课程发展起了极大的促进作用，也提出了更高的要求，这需要加快课程教学改革的步伐，不断更新教学内容，扩展知识面，加强对学生创新意识与能力的培养。

电子技术实验是电子技术课程重要的组成部分，其任务是培养学生的基本实验技能，提高实际动手能力，提高电子电路的设计能力与综合应用能力。它在培养学生的创新能力与工程观念，全面提升学生素质中起着不可替代的作用。为了进一步推动实验教学改革，按照高等学校电子技术基础实验教学的基本要求，在多年教学实践的基础上，编写了本教材。

第 1 章电子技术实验基础介绍了实验要求、常用元器件的基本特性及使用规范，这些内容是学生做好实验的基础，不能忽视。第 2 章介绍了常用电子仪器仪表的使用。电子仪器是测量电子系统及电路性能的工具，正确使用电子仪器，掌握科学的调试及应用方法是提高学生实验技能的重要内容。第 3 章是数字电子技术实验。第 4 章是模拟电子技术实验。这两章以基础型实验为主，并安排了部分综合性实验。通过基础型实验，学生可掌握电子技术的基本实验方法及仪器仪表的基本操作方法，提高观察分析实验现象的能力。第 6 章是设计型实验。实验给出了设计题目、技术要求及简要参考思路，要求学生综合运用所学知识，完成较为复杂的功能电路设计。通过分析课题技术指标要求、查阅技术资料、设计安装并调试电路、撰写总结报告等一系列环节，使学生真正做到理论联系实际，培养创新能力与工程意识，进一步提高设计能力与实验技能。

随着 EDA 技术的迅速普及，用计算机对电子电路进行辅助分析与设计已成为工科院校电子信息类本科生必备的技术基本功。为了提高学生使用应用软件的能力，本书第 5 章以 Multisim2001 为典型软件，介绍了软件的功能及使用方法，并安排了例题及实验内容。随着可编程逻辑器件的迅速发展，用开发软件作为设计工具开发复杂数字系统已成为流行趋势。我们把大规模可编程逻辑器件、硬件描述语言及其应用的内容和具有探索性和研究性的提高型实验内容放在电子技术课程设计一书中，这里不作介绍。

本书由北京理工大学电工电子教学实验中心张玉平担任主编、张岩担任副主编，负责全书的统稿工作。参加本书编写的有该实验中心的于丽芳（第 1、2 章）、肖煊（第 3 章）、王波（第 4、7 章）、郝艾芳（第 5 章）、张玉平（第 6 章）等。凌红珠老师为本书的编写做了大量工作。

电子学教研室主任王美玲老师对本书进行了认真的审阅并提出了修改意见。在编写过程中得到了北京理工大学电子技术教研室的大力支持，在此表示感谢。由于作者能力和水平所限，书中有不妥和错误之处，敬请读者批评指正。

编者

目 录

第1章 电子技术实验基础 1
1.1 实验要求与须知 1
1.1.1 实验规则 1
1.1.2 预习要求 1
1.1.3 实验报告要求 1
1.1.4 实验电路的安装与调试 2
1.1.5 实验评分标准 3
1.2 误差分析与实验数据处理 3
1.2.1 测量误差的基本概念 3
1.2.2 测量数据处理 4
1.3 常用元器件的基本特性及使用规范 5
1.3.1 电阻器 5
1.3.2 电容器 9
1.3.3 晶体二极管 12
1.3.4 双极型晶体三极管 15
1.3.5 集成电路 17

第2章 常用仪器仪表的使用 19
2.1 VC9802A$^+$数字式万用表 19
2.1.1 面板功能说明 19
2.1.2 使用方法 20
2.2 DH1718G-2型三路直流稳压电源 21
2.2.1 面板说明 21
2.2.2 使用方法及注意事项 22
2.3 HG2172型单通道交流毫伏表 22
2.3.1 面板说明 23
2.3.2 使用方法 23
2.3.3 注意事项 24
2.4 DF1631型功率函数发生器 24
2.4.1 主要技术指标 24
2.4.2 面板说明 25
2.5 TDS1002型数字存储示波器 27
2.5.1 面板说明 27
2.5.2 基本使用方法 29
2.6 THD-3型数字电路实验箱 32

第3章 数字电子技术实验 ································· 35
3.1 实验1 门电路的功能和特性测试 ···················· 35
3.2 实验2 组合逻辑电路 ····························· 40
3.3 实验3 集成触发器 ······························· 41
3.4 实验4 时序逻辑电路的应用 ······················· 43
3.5 实验5 555定时器 ································ 46
3.6 实验6 A/D与D/A转换器 ························ 47
3.7 实验7 综合应用实验1——数字式秒表电路设计 ········ 50
3.8 实验8 综合应用实验2——数字抢答器设计 ············ 53

第4章 模拟电子技术实验 ································· 56
4.1 实验1 常用仪器仪表的使用 ······················· 56
4.2 实验2 单管放大电路的研究 ······················· 58
4.3 实验3 恒流源差分放大电路 ······················· 61
4.4 实验4 多级放大电路和负反馈放大电路 ·············· 63
4.5 实验5 集成运算放大器的基本应用 ·················· 65
4.6 实验6 波形产生与变换 ··························· 67
4.7 实验7 整流、滤波和稳压管稳压电路 ················ 70
4.8 实验8 集成稳压器的应用 ························· 72
4.9 实验9 集成功率放大电路的应用 ···················· 75
4.10 实验10 综合应用实验——压控函数发生器的设计 ····· 78

第5章 电子电路的计算机仿真Multisim 2001简介 ············ 86
5.1 Multisim 2001的基本界面 ·························· 86
 5.1.1 菜单栏 ····································· 87
 5.1.2 工具栏 ····································· 91
5.2 Multisim 2001的操作方法 ·························· 100
5.3 应用举例 ·· 102
 5.3.1 数字电路的设计与仿真 ······················· 102
 5.3.2 模拟电路的分析与仿真 ······················· 104
5.4 仿真实验 ·· 115
 5.4.1 组合逻辑电路的分析与设计 ··················· 115
 5.4.2 时序逻辑电路的分析与设计 ··················· 119
 5.4.3 多级放大电路和负反馈放大电路仿真测试 ········ 121
 5.4.4 集成运放的应用 ····························· 125

第6章 设计型实验 ····································· 127
6.1 设计型实验基础 ·································· 127
 6.1.1 一般设计方法 ······························· 127
 6.1.2 设计与调试中的注意事项 ····················· 129
6.2 实验题目 ·· 130
 6.2.1 实验1 简易数字电压表 ······················ 130

- 6.2.2 实验2 流水生产线产品自动统计电路 131
- 6.2.3 实验3 音乐灯光控制电路 132
- 6.2.4 实验4 数字温度计 134
- 6.2.5 实验5 简易电容测量仪 134
- 6.2.6 实验6 开关型直流稳压电源 135

第7章 常用集成电路元器件 137
7.1 常用模拟集成电路简介 137
- 7.1.1 集成运算放大器 μA741 137
- 7.1.2 四通用单电源运算放大器 μA324 138
- 7.1.3 电压比较器 LM393 139
- 7.1.4 集成功率放大器 LA4100 139
- 7.1.5 三端集成稳压器 78 系列和 79 系列 140
- 7.1.6 定时器 555 和 556 141

7.2 常用数字集成电路简介 142
- 7.2.1 几类常用数字集成电路的典型参数 142
- 7.2.2 常用 TTL 数字集成电路功能及引脚图 143
- 7.2.3 常用 CMOS 数字集成电路功能及引脚图 147

7.3 数码管 150
- 7.3.1 数码管简介 150
- 7.3.2 CD4513BCD–7 段锁存/译码/驱动器简介 150

7.4 A/D 与 D/A 变换电路 152
- 7.4.1 A/D 转换器 ADC0804 152
- 7.4.2 D/A 转换器 DAC0832 152

参考文献 154

第1章　电子技术实验基础

1.1　实验要求与须知

1.1.1　实验规则

为了达到实验教学的预期目的，培养学生严谨、踏实、实事求是的科学作风，确保人身、仪器设备安全，制定如下规则。

（1）实验前，必须做好充分预习，独立完成预习报告。

（2）使用仪器设备之前，必须首先了解其性能、操作规范，使用时严格遵守。

（3）实验时要认真、仔细，不能带电拔插器件，待全部安装完毕并且检查无误后方可通电。

（4）实验中若仪器设备或器件出现异常，如：冒烟、有异味、器件发烫等，应立即关断电源，并及时报告指导教师。

（5）实验过程中应仔细观察实验现象，记录实验数据与波形，并与预习报告的分析结果相对照。若超出误差范围，需分析问题所在，重新测试。

（6）实验结束，未经允许不能随意拆除实验线路，需经指导教师检查并在预习报告上签字，关闭所有仪器、设备电源，方可拆除实验线路。

（7）爱护实验室仪器设备，未经允许不能随意搬动、乱拿其他组的实验设备。

（8）遵守纪律，不迟到、不早退，保持室内安静，严禁大声喧哗。

（9）实验后每个同学都必须按要求写出一份实验报告。

1.1.2　预习要求

（1）为了提高实验效率，避免盲目性，实验前认真阅读实验指导书，明确实验目的与步骤。

（2）掌握实验电路的工作原理，进行必要的电路设计与理论计算，对实验结果做预分析，并列好记录实验数据的表格，完成预习报告。

（3）预习实验中所使用的仪器设备。

1.1.3　实验报告要求

撰写实验报告是对实验结果进行归纳总结、分析和提高的阶段，是将理论与实践相结合的一个重要环节，学生在每次实验后都应独立完成这项工作。实验报告内容包括：

（1）实验名称、实验日期、班级和姓名、同组同学姓名。

（2）实验目的、实验线路和实验内容。

（3）整理实验数据、表格，画出测试波形、曲线和计算数据等。

(4) 对实验结果进行理论分析，分析实验误差及其产生的原因。
(5) 若实验中出现故障，写明故障现象，分析故障原因及排除的方法。
(6) 总结实验的收获和体会，提出对实验改进的建议。
(7) 回答思考问题。

1.1.4 实验电路的安装与调试

1. 实验电路的安装

(1) 合理布局。在实验板上合理布局元器件是十分重要的，一般应考虑以下几点：① 按信号流向，自输入级到输出级。② 接线尽可能短，彼此连线多的器件尽量相邻安置。③ 尽量避免输出级的反馈。④ 振荡电路应布置于电路的一角，以避免与其他信号相互干扰。

(2) 安装元器件。在实验板上插入双列直插式集成电路时，要认清标志，切勿插反。要使集成电路的每个引脚对准插孔，用力要均匀并确认集成电路完全插入实验板中。要防止芯片有悬浮现象及个别芯片引脚弯曲而造成的故障隐患。常用集成电路的引脚排序详见第七章录，以左边缺口和型号正方向为标志，从左下脚开始，逆时针数引脚序号。大多数芯片左上脚接电源，右下脚接地。实际使用时，需查看手册规定。

拔下集成电路时，应用镊子或小螺丝刀分别将芯片的两端撬起，不要用手去拔，以避免损坏引脚。

插入标有极性或方向的元器件时，应注意极性或方向不要插反，如：电解电容、晶体二极管、晶体三极管、发光二极管等。

(3) 布线技巧。

① 准备导线：实验板布线用的导线一般用 $\phi 0.2$ mm 或 $\phi 0.3$ mm 的单芯硬线，导线过细将造成接触不良，而过粗的导线将损坏多孔实验板。最好用不同颜色的导线区分不同用途，一般电源用红色导线，地线用黑色导线，导线截取长度要适当，剥离绝缘皮的长度以 1 cm 为宜，不应有刀痕或弯曲。

② 布线顺序：布线时应先设置电源线和地线，再处理器件固定不变的输入端（如：异步置"0"、置"1"端、预置端等），最后按信号流向依次连接控制线和输出线。

③ 布线要求：布线要求整齐、清晰、可靠，以便于查找故障和更换器件。布线时导线应贴近底板的表面，在芯片周围走线，尽量不要覆盖不用的插孔，切忌将导线跨越芯片上方或交错连接。最好用小镊子将导线插入底板，深度要适当，保证接触可靠。

④ 布线检查：查线最好在布线过程中分阶段进行，如布好电源线和地线后即行检查，以便及时发现和排除故障。查线时应用示波器观察各引脚的电压或波形，而不能简单地用目测的方法，以便准确而迅速地发现漏接、错接，尤其是接触不良的故障。

2. 一般调试步骤

(1) 通电前检查。电路安装完毕后，首先应对照接线图或原理图，直观检查电路各部分接线是否正确，检查电源、地线、信号线、元器件引脚之间有无短路，器件有无接错。

(2) 通电检查。接入电路所要求的电源电压，观察电路中各部分器件有无异常现象。如果出现异常现象，则应立即关断电源，待排除故障后方可重新通电。

(3) 单元电路调试。在调试单元电路时应明确本部分电路的功能和调试要求，从输入到输出测试性能指标和观察波形。电路调试包括静态调试和动态调试，一般先静态后动态。通过调试排除故障，掌握单元电路必要的数据、波形及工作现象，完成调试要求。

（4）整机联调。各单元电路调试完毕后，就为整机联调打下了基础。整机联调时应按信号流向观察各单元电路之间的信号关系是否正确，主要观察动态结果，检查电路的性能和参数，分析测量的数据和波形是否符合设计要求，对发现的故障和问题及时采取措施。

1.1.5 实验评分标准

实验评分由平时实验成绩、实验报告及实验课考试三部分组成，平时实验成绩占总成绩的30%，实验报告占总成绩的20%，实验课考试占总成绩的50%。

（1）5分　在规定时间内，能独立完成实验内容。
① 认真做预习报告，理论数据完整正确，并按要求画出实验用数据表格。
② 实验方法步骤正确，实验数据表格、波形完整准确。
③ 在实验中能正确使用各种仪器、仪表。
④ 实验完毕经老师检查验收后，并保持桌面整洁，元器件完好。

（2）4分　在规定时间内，能较好完成实验内容。
① 认真做预习报告，理论数据基本完整正确，并按要求画出实验用数据表格。
② 实验方法步骤基本正确，实验数据表格、波形准确。
③ 在实验中能较好地使用各种仪器、仪表。
④ 实验完毕经老师检查验收后，并保持桌面整洁，元器件完好。

（3）3分　能在老师的帮助下在规定时间内完成实验内容。
① 虽有预习报告，但理论数据表格不完整。
② 在实验中不能正确使用各种仪器、仪表。
③ 实验完毕经老师检查验收后，能保持桌面整洁，器件完好。

（4）2分　在规定时间内，没有完成实验内容。
① 没有预习报告。
② 在实验中不能正确使用各种仪器、仪表。
③ 实验完毕经老师检查验收后，并保持桌面整洁，器件完好。

（5）0分　在规定时间内，无故不参加实验。

1.2　误差分析与实验数据处理

1.2.1　测量误差的基本概念

测量是通过实验对被测对象的量值而进行的测试。在测量时被测量本身所具有的真实值大小称为真值。但在实际测量时，由于各种因素，如：测量仪器精确度不高，测量方法不够完善及测量环境的不同，都将使测量结果与真值之间存在一定的差别。我们称这个差别为测量误差。

1. 测量误差的定义
测量误差通常可分为绝对误差和相对误差。
（1）绝对误差

$$\Delta X = X - A_0$$

式中　ΔX——绝对误差；

　　　X——测量值；

　　　A_0——被测量的真值。工程上，经常用高一级标准仪器测量的指示值 A 来代替真值。

（2）相对误差。相对误差是绝对误差与真值的比值，用百分数表示

$$\gamma = \frac{\Delta X}{A_0} \times 100\% \quad \text{或} \quad \gamma = \frac{\Delta X}{A} \times 100\%$$

式中　γ——相对误差。

在实际工作中，当不能确定真值时，往往用测量仪表的指示值来代替真值进行计算，这样带来的误差并不大。所以，又定义了在实际测量中应用广泛的示值相对误差

$$\gamma_X = \frac{\Delta X}{X} \times 100\%$$

式中　γ_X——示值相对误差。

2. 减小误差的方法

（1）选择测量精度高的仪器仪表。

（2）正确使用仪器，测量时选择合适的量程，应使被测值越接近满标值越好。

（3）用同一对象，多次测量的平均值代替测量值，以消除偶然误差。

（4）严格按要求进行仪表调零、仪器预热等。测量过程中要仔细观察、准确记录，避免过失误差。

（5）定期对测量仪表校准，减小系统误差。

1.2.2　测量数据处理

1. 关于有效数字

由于在实际测量中不可避免地存在误差，并且受到仪器精度的限制，测量数据就不可能完全准确。当对数据进行计算时也常会用到像 π、e、$\sqrt{2}$ 等无理数，使实际计算结果也只能取近似值，因此实验中我们测量的数据均是一个近似数。如何用近似数恰当地记录测量结果，就要使用有效数字，有效数字定义为从数的左边第一位非零数字起到右边最后一个数字止，都叫作有效数字。用有效数字记录数据时应注意以下几点：

（1）用有效数字表示测量结果时，可以从有效数字的位数估计测量的误差。一般规定误差不超过有效数字末位单位数字的一半。

（2）关于"0"是否为有效数字。"0"在数字中间和数字右边是有效数字。"0"在数字左边不是有效数字。

（3）有效数字不能因采用的单位不同而增或减。

2. 测量数据的处理方法

通过实验测量取得数据后，还要对这些数据进行计算、分析、整理，有时还要把数据归纳成一定的表达式或画成表格、曲线等，也就是要进行数据处理。数据处理通常采用三种方法：公式法、列表法、曲线法。

（1）公式法。通过对实验数据的分析总结，找出各量之间的函数关系，并用公式表示。

允许误差范围内测量数据都应满足公式。

（2）列表法。将实验数据按一定顺序列出表格，使实验结果清晰明了，便于找出规律。

（3）曲线法。根据实验数据，将物理量之间的关系绘制成曲线。此种表示方法形象直观，便于做进一步的分析总结。

1.3 常用元器件的基本特性及使用规范

电路元器件是组成电路的最基本单元，它们不同的组合可以构成各种不同功能的电子线路。因此要想设计出性能优良的电路，就必须清楚地了解电路元器件的特性及使用规范。

1.3.1 电阻器

电阻器是电子线路中常用的电子元器件之一，多用来分压、限流，还可与电容器组成滤波器、陷波器等。当电流流过电阻器时，它会因发热而消耗一定的能量，因此它是一种耗能元件。

1. 电阻器的分类及特点

（1）电阻器从材料上可分为两大类：薄膜电阻和线绕电阻。一般情况薄膜电阻器的阻值范围很宽，但功率范围要小。而线绕电阻器是低阻值大功率的电阻器，它的阻值精确，功率范围大，但它不适合工作在高频电路中。

（2）电阻器按结构形式可分为两类：固定电阻和可变电阻。固定电阻器的种类比较多，主要有碳质电阻、碳膜电阻、金属膜电阻、金属氧化膜电阻、线绕电阻等。固定电阻器的电阻值是固定不变的，阻值的大小就是它的标称值。可变电阻器主要是指半可调电阻器、电位器。它们的阻值可以在某一个范围内变化。

（3）电阻器按用途可分为：通用电阻、精密电阻、大功率电阻、高频电阻、高压电阻、热敏电阻、熔断电阻等。

随着当代先进的电子产品表面组装技术的发展，电子元器件小型化跨入了新时代。近年来片式电阻器、电阻网络发展迅猛。

2. 电阻器型号的命名方法

电阻器的型号是由一组字母和数字排列而成的，电阻器的型号命名方法见表 1-1。

表 1-1 电阻器型号的命名

第一部分		第二部分		第三部分		第四部分
用字母表示主称		用字母表示材料		用数字和字母表示特征		用数字表示序号
符号	意义	符号	意义	符号	意义	
R	电阻器	T	碳膜	1，2	普通	包括：额定功率、阻值、允许误差、精度等级
W	电位器	P	硼碳膜	3	超高频	
		U	硅碳膜	4	高阻	
		C	沉积膜	5	高温	
		H	合成膜	7	精密	
		I	玻璃釉膜	8	高压	
		J	金属膜（箔）	9	特殊	

续表

第一部分		第二部分		第三部分		第四部分
用字母表示主称		用字母表示材料		用数字和字母表示特征		用数字表示序号
符号	意义	符号	意义	符号	意义	
		Y	氧化膜	G	高功率	包括：额定功率、阻值、允许误差、精度等级
		S	有机实芯	T	可调	
		N	无机实芯	X	小型	
		X	线绕	L	测量	
		R	热敏	W	微调	
		G	光敏	D	多圈	
		M	压敏			

3. 电阻器主要参数及规格标注方法

（1）电阻器的主要参数。电阻器的主要参数有标称阻值、阻值误差、额定功率、高频特性、最高工作电压、最高工作温度、静噪声电动势、温度特性等。一般在选用电阻时只考虑标称阻值、阻值误差、额定功率，而其他参数只有在特殊需要时才考虑。

① 标称阻值与允许偏差：为了便于电阻器的大规模生产，国家规定出一系列的阻值为电阻器的标准，这一系列阻值就叫作电阻器的标称值。

电阻器的实际阻值不可能做到与它的标称值完全一样，二者存在着一定的偏差。最大允许偏差阻值与该电阻器标称阻值的比值，用百分数来表示就称为电阻器的偏差。电阻器的标称阻值见表 1-2。

表 1-2　电阻器的标称阻值

类别	允许误差/%	标称阻值系列（×10^n）
固定电阻器	±5	1.0　1.1　1.2　1.3　1.5　1.6　1.8　2.0　2.2　2.4　2.0　2.7　3.0　3.3　3.6　3.9　4.3　4.7　5.1　5.6　6.2　6.8　7.8　8.2　9.1
固定电阻器	±10	1.0　1.2　1.5　1.8　2.2　2.7　3.3　3.9　4.7　5.6　6.8　8.2
固定电阻器	±20	1.0　1.5　2.2　3.3　4.7　6.8
电位器	±5～±10	1.0　1.2　1.5　1.8　2.2　2.7　3.3　3.9　4.7　5.6　6.8　8.2
电位器	±1～±20	1.0　1.5　2.2　3.3　4.7　6.8

注：固定电阻器的标称值为表中数值乘以 10^n，n 可为正整数或负整数。

普通电阻器的误差可分为±5%、±10%、±20%三种，在标记上分别以Ⅰ、Ⅱ、Ⅲ挡表示。常用精密电阻器的误差为±2%、±1%、±0.5%，在标记上分别以 0.2、0.1、0.05 表示，精密电阻器的允许误差可达到±0.001%。常用电阻器允许误差等级及对应的色环颜色见表 1-3。

表 1-3　常用电阻器允许误差等级及对应的色环颜色

级别	005（D）	01（F）	02（G）	Ⅰ（J）	Ⅱ（K）	Ⅲ（M）
允许误差/%	±0.5	±1	±2	±5	±10	±20
对应色环	绿	棕	红	金	银	本色

② 额定功率：电阻器长期工作而不改变其性能的允许功率称为额定功率。在实际选择电阻器的额定功率时，必须使之大于电阻实际消耗的功率，否则在长期工作时就会改变其性能甚至烧毁。一般情况下所选用电阻器的额定功率应大于实际消耗功率的两倍左右，以保证电阻器工作的可靠性。常用电阻器的额定功率系列值见表1-4。

表1-4　常用电阻器的额定功率

W

电阻器的类别	系列值（×10^n）
线绕固定电阻器	0.05，0.125，0.25，0.5，1，2，4，8，10，16，25，40，50，75，100，150，250，500
线绕电位器	0.25，0.5，1.0，1.6，2，3，5，10，16，25，40，63，100
非线绕固定电阻器	0.05，0.125，0.25，0.5，1，2，5，10，25，50，100
非线绕电位器	0.025，0.05，0.1，0.25，0.5，1，2，3

注：固定电阻器的标称值为表中数值乘以10^n，n可为正整数或负整数。

常用的薄膜电阻一般额定功率在2 W以下，2 W以上的电阻大多为线绕电阻。额定功率往往以数字形式标注在电阻上，1/8 W以下的电阻，由于体积小，往往不标出。

（2）电阻器标称值和允许误差的标注方法。电阻器的标称值和允许误差的表示方法有直标法、文字符号法和色标法。色标法是目前国际上通用的一种色环表示方法，我国也广泛采用。一般精密电阻器的色环为五环，普通电阻器的色环为四环。各色环表示的含义见表1-5。

表1-5　色环表示的含义

色环颜色	黑	棕	红	橙	黄	绿	蓝	紫	灰	白	金	银
对应数值	0	1	2	3	4	5	6	7	8	9	-1	-2

（3）电阻器的色环表示方法。电阻器的色环表示方法如图1-1所示。

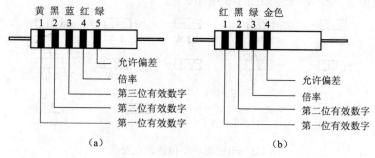

图1-1　电阻器的色环表示法

(a) 五环表示法；(b) 四环表示法

如图1-1（a）所示，靠近电阻的一端有五道色环，第1、2、3道色环表示电阻值的前三位有效数字，第4道色环表示乘以10的幂次数，第5道色环表示允许误差。

例如： 色环为　　黄　　黑　　蓝　　红　　　绿
　　　　对应数字　4　　0　　6　　10^2　　误差±0.5%

该电阻的阻值为 $406 × 10^2 = 40.6\ \text{k}\Omega$。

如图 1-1（b）中，若色环在电阻体上分布均匀，则判断色环次序的方法如下，金色、银色在阻值有效数字中并没有具体的含义，而只代表具体的误差值。因此，金色和银色环必须为最后一条色环。

例如： 色环为　　红　　黑　　绿　　金
　　　　对应数字　2　　0　　10^5　　±5%

该电阻的阻值为 $20 × 10^5 = 2\ \text{M}\Omega$，允许偏差为±5%。

注意：有时电阻器四条色环中只有三条，其原因是：当允许偏差为±20%时，表示此值的这条色环颜色就是电阻器本身的颜色。这一表示法仅用于普通电阻器的表示中。

4. 电阻器、电位器的外形结构

电阻器、电位器的外形结构如图 1-2 所示。

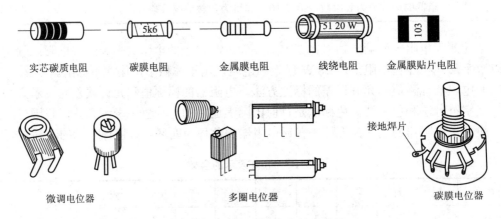

图 1-2　电阻器、电位器的外形结构

5. 电阻器、电位器的电路符号

电阻器、电位器的电路符号如图 1-3 所示。

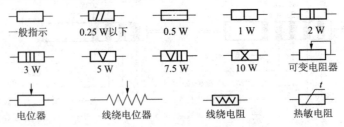

图 1-3　电阻器、电位器的电路符号

6. 电阻器、电位器的阻值测量方法

（1）电阻器、电位器的测量。电阻器、电位器在使用之前要对它进行测量，看其阻值与标称阻值是否相符。误差值是否在标称值误差允许范围之内。

用万用表测量电阻器、电位器的注意事项：

① 测量时不能用手同时接触被测电阻的两根引线,以免人体电阻影响测量的准确性。

② 测量接在电路上的电阻时,必须将电阻器的一端从电路中断开,防止电路中的其他元件对测量结果的准确性产生影响。

③ 测量电阻器的阻值时,应根据电阻值的大小选择合适的量程,量程过大数值不精确,量程过小将溢出。

(2) 用数字万用表测试电阻器。将数字万用表的红表笔插入"V·Ω"插孔,黑表笔插入"COM"插孔,之后将量程开关置于电阻挡(量程根据阻值确定)。再将红、黑表笔与被测电阻器的两个引脚相接,显示屏上便可直接读出被测电阻器的阻值。

如果测得的结果在显示屏左端显示"1",表示溢出。应选择稍大量程进行测试。

(3) 用数字万用表测试电位器。电位器三个引脚线依次为 1、2、3,首先用万用表测电位器的标称值。根据标称值的大小,选择合适的量程,测 1、3 两端的阻值应与标称值相符,若阻值为∞大时,表明电阻体与其相连的引脚线断开了。然后再测量 1、2 两端或 2、3 两端的电阻值,并慢慢调节滑动端,这时万用表显示屏上的数字应平稳地变化,如有跌落和跳跃现象,表明滑动端与电阻体接触不良。

1.3.2 电容器

电容器是储存电荷或者储存电场能量的元件,它是电路中常用的电子元器件之一,多用来滤波、隔直、交流耦合、交流旁路、积分、微分以及与电感元器件构成振荡回路等。

1. 电容器的种类

电容器按结构可分为固定电容器、可变电容器、半可变电容器。按介质材料的不同可分为无机介质电容器、有机介质电容器和电解电容器。按极性可分为有极性和无极性电容器。

一般来说,电解电容器电容量较大,有极性,其他形式的电容器的电容量较小,无极性。

2. 电容器的型号命名方法

电容器的型号命名方法见表 1-6。

表 1-6 电容器的型号命名

第一部分		第二部分		第三部分		第四部分
用字母表示主称		用字母表示材料		用字母表示特征		用字母或数字表示序号
符号	意义	符号	意义	符号	意义	
C	电容	C	高频瓷	T	铁电	包括品种、尺寸代号、温度特性、直流工作电压、标称值、允许误差、标准代号
		I	玻璃釉	W	微调	
		O	玻璃膜	J	金属化	
		Y	云母	X	小型	
		V	云母纸	S	独石	
		Z	纸介	D	低压	
		J	金属化纸	M	密封	
		B	聚苯乙烯	Y	高压	
		F	聚四氟乙烯	C	穿心式	
		L	涤纶(聚酯)			

续表

第一部分		第二部分		第三部分		第四部分
用字母表示主称		用字母表示材料		用字母表示特征		用字母或数字表示序号
符号	意义	符号	意义	符号	意义	
		S Q H D A G N T M E	聚碳酸酯 漆膜 复合介质 铝电解 钽电解 合金电解 铌电解 低频瓷 压敏 其他材料电解			包括品种、尺寸代号、温度特性、直流工作电压、标称值、允许误差、标准代号

3. 电容器的主要性能指标

（1）标称容量和误差。标在电容器外壳上的电容量数值称为电容器的标称容量。

电容器的电容量表征着电容器加上电压后它能储存电荷的能力。储存电荷越多，电容量越大，否则电容量越小。

为了便于生产和使用，国标规定了一系列容量值作为产品标准，见表1-7。

表1-7 电容器标称容量及误差

类型	允许偏差/%	容量标称值/μF	
纸质、金属化纸介、低频极性有机薄膜介质电容器	±5 ±10 ±20	100 pF～1 μF 1～100 μF	1.0 1.5 2.2 3.3 4.7 6.8 1 2 4 6 8 10 15 20 30 50 60 80 100
无极性高频有机薄膜介质、瓷介、云母介质电容器	±5	1.0 1.1 1.2 1.3 1.5 1.6 1.8 2.0 2.2 2.4 2.7 3.0 3.3 3.6 3.9 4.3 4.7 5.1 5.6 6.2 6.8 7.5 8.2 9.1	
	±10	1.0 1.2 1.5 1.8 2.2 2.7 3.3 3.9 4.7 5.6 6.8 8.2	
	±20	1.0 1.5 2.2 3.3 4.7 6.8	
铝、钽等电解电容	±10 ±20 −20～+50 −10～+100	1.0 1.5 2.2 3.3 4.7 6.8	

电容器的允许误差一般分为8个等级，每个等级对应的容量值误差见表1-8。

表1-8 电容器的误差

级别	01	02	I	II	III	IV	V	VI
允许误差/%	±1	±2	±5	±10	±20	+20～−30	+50～−20	+100～−10

(2) 电容器的耐压值。电容器的耐压值是指在技术条件所规定的温度下,电容器长期工作不被击穿时所能承受的最大直流电压。当电容器工作在交流状态时,其交流电压幅值不能超过额定直流工作电压。常用固定式电容器的直流工作电压系列值见表 1-9。

表 1-9　常用固定式电容器的直流工作电压系列值

1.6	4	6.3	10	16	25	32*	40	50*
63	100	125*	160	250	300*	400	450*	500

注:带*号的仅仅适合于电解电容。

(3) 绝缘电阻。绝缘电阻是加在电容器上的直流电压与通过它的漏电流的比值。绝缘电阻一般应在 5 000 MΩ 以上,绝缘电阻越大其漏电电流越小。

4. 电容器的标注规则

电容器容量的标注方法分为直标法和文字符号法。

(1) 直标法:

① 数字是不带小数点的整数,此时电容量单位为 pF,如 2 200=2 200 pF。

② 数字带小数点,此时电容量单位为 μF,如 0.047=0.047 μF。

③ 用三位数字表示电容量的大小,单位为 pF,第一、二位代表电容量有效数字,第三位代表乘以 10 的幂次数,如 223=22×10^3=22 000 pF=0.022 μF。

(2) 文字符号法:

① 用数字表示有效值,用字母表示数值单位的量级。其中,μ 表示 μF;n 表示 nF;p 表示 pF。

② 字母在中间表示小数点。如 3μ3 表示 3.3 μF,4n7=4.7 nF。

③ 数字前面加字母 R。R 表示小数点,单位为零点几微法。如 R47=0.47 μF。

5. 电容器的外形结构

电容器的外形结构如图 1-4 所示。

瓷介电容器　　独石电容器　　涤纶薄膜电容器　　可变电容器　　电解电容器

图 1-4　电容器的外形结构

6. 电容器的电路符号

电容器的电路符号如图 1-5 所示。

固定电容器　　电解电容器　　可变电容器　　半可变电容器

图 1-5　电容器的电路符号

7. 电容器性能的检测方法

电容器的常见故障有断路、短路、失效等。为了保证接入电路后的正常工作,因此在装入电路前对电容器必须进行检测。

用数字万用表的电容器 F 挡,选择合适的电容量程。将电容器的两极引线分别插入数字万用表的 C_X 孔中,就可以直接读数,指示的值就是电容器的电容值。如果指示值近似等于标称值,则说明电容器是好的;如果指示值远小于标称值,则说明电容器已经坏了。

8. 电容器使用注意事项

电解电容器和一些金属壳密封的纸介或金属化纸介电容器、油浸电容器、钽电容器等都有正负极性,并且在电容器的壳体上面都有标志("+"、"−"或箭头),或用电容器引脚的长短来表示。这些电容器一般在直流或脉动直流下使用,并且电容器的正极接在电路中电位高的一端,负极接在电位低的一端,使用时要注意不能将极性接错。

1.3.3 晶体二极管

晶体二极管是晶体管的主要类型之一,其种类很多,在电路中应用十分广泛,主要用于整流、检波、稳压及变容等。

1. 国产半导体器件型号的命名方法

国产分立元件半导体器件是按其材料、性能、类别等来命名的,国家标准命名方法见表 1-10。

第一部分:用汉语拼音字母表示器件的电极数目。
第二部分:用汉语拼音字母表示器件的材料和极性。
第三部分:用汉语拼音字母表示器件的用途和类别。
第四部分:用数字表示器件序号。
第五部分:用汉语拼音字母表示规格号。

表 1-10 国产半导体器件的命名方法

第一部分		第二部分		第三部分		第四部分	第五部分
用数字表示器件的电极数		用字母表示器件的材料和极性		用字母表示器件的类别		用数字表示器件的序号	用字母表示规格号
符号	意义	符号	意义	符号	意义	意义	意义
2	二极管	A	N 型锗材料	P	普通管	反映了极限参数、直流参数和交流参数等的差别	反映了承受反向击穿电压的程度,如规格号为 A、B、C、D…其中 A 承受的反向击穿电压最低,B 次之……
		B	P 型锗材料	V	微波管		
		C	N 型硅材料	W	稳压管		
		D	P 型硅材料	C	参量管		
3	三极管	A	PNP 型锗材料	Z	整流管		
		B	NPN 型锗材料	L	整流堆		
		C	PNP 型硅材料	S	隧道管		
		D	NPN 型硅材料	N	阻尼管		
		E	化合物材料	U	光电器件		
				K	开关管		

续表

第一部分		第二部分		第三部分		第四部分	第五部分
用数字表示器件的电极数		用字母表示器件的材料和极性		用字母表示器件的类别		用数字表示器件的序号	用字母表示规格号
符号	意义	符号	意义	符号	意义	意义	意义
				X	低频小功率管 ($f_\alpha<3$ MHz, $P_C<1$ W)	反映了极限参数、直流参数和交流参数等的差别	反映了承受反向击穿电压的程度,如规格号为 A、B、C、D…其中 A 承受的反向击穿电压最低,B 次之……
				G	高频小功率管 ($f_\alpha\geqslant3$ MHz, $P_C<1$ W)		
				D	低频大功率管 ($f_\alpha<3$ MHz, $P_C\geqslant1$ W)		
				A	高频大功率管 ($f_\alpha\geqslant3$ MHz, $P_C\geqslant1$ W)		
				T	半导体闸流管（可控整流器）		
				Y	体效应器件		
				B	雪崩管		
				J	阶跃恢复管		
				CS	场效应器件		
				BT	半导体特殊器件		
				FH	复合管		
				PIN	PIN 管		
				JG	激光器件		

示例：

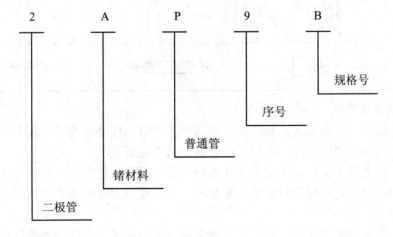

由标号可知，该管为锗材料普通二极管。

示例:

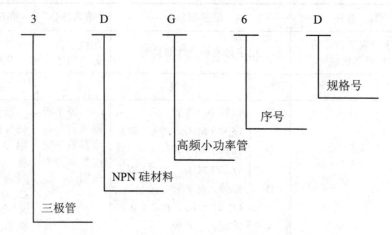

由标号可知,该管为 NPN 型高频小功率硅材料三极管。

2. 晶体二极管的种类

按材料分为锗二极管、硅二极管、砷化镓二极管。按结构分为点接触型、面接触型二极管。按用途分为整流、检波、变容、稳压、开关、发光二极管等。常见二极管外形和符号见表 1-11。

表 1-11 常见二极管外形和符号

元件名称	实物外形	电路符号
普通二极管	玻璃管壳　　金属管壳　　塑封二极管　　塑封	+ ▷∣ −
发光二极管		+ ▷∣ −
稳压管	+ ▷∣ −　　+ ▷∣ −	+ ▷∣ −

3. 晶体二极管的主要参数

(1) 最大整流电流 I_F。它是晶体二极管在正常连续工作时,能通过的最大正向电流值。使用时电路的最大电流不能超过此值,否则二极管就会发热而烧毁。

(2) 最大反向工作电压 U_{RM}。最大反向工作电压是指二极管在使用时,允许加在其两端的最大反向电压,超过此值时二极管易发生击穿故障。最大反向工作电压通常取反向击穿电压值的 1/2~2/3。

(3) 反向电流 I_R。反向电流是指二极管工作在最高反向电压下,允许流过的反向电流,反向电流的大小反映了二极管单向导电性能的好坏。电流值太大就会使二极管过热而损坏,因此电流值越小表明二极管的质量越好。

（4）最大工作频率 f_M。最大工作频率是指二极管正常工作时的极限频率，是与二极管结电容有关的一个参数。当回路中的工作频率超过它时，二极管的单向导电性能将变坏。

除通用参数外，不同用途的二极管，还有各自的特殊参数。

4. 晶体二极管的极性判别

二极管的两个引脚是有极性的，在使用过程中若两个引脚接反，则会损坏二极管或者损坏电路中的其他元件，因此，对晶体二极管极性的判定很重要。

（1）从外形结构判别引脚极性。普通二极管的外壳上印有型号和标记，即二极管的一端有一色环，有色环的一端为阴极。发光二极管的引脚一长一短，长者为阳极，短者为阴极。

（2）用数字万用表对二极管正负极的判断。将数字万用表的量程开关拨至二极管挡，这时红表笔带正电，黑表笔带负电，两表笔分别接触二极管的两个电极，若显示屏显示为二极管压降的近似值，表明二极管处于正向导通状态，红表笔所接为二极管的正极，黑表笔所接为二极管的负极。倘若显示屏显示溢出符号"1"，表明二极管处于反向截止状态，黑表笔接的是其正极，红表笔接的是其负极。

为了进一步确定二极管的质量，应当交换表笔再测量一次。若两次测试均显示"000"，证明被测二极管已击穿短路，若两次测试均显示溢出符号"1"，说明被测二极管内部开路。

1.3.4 双极型晶体三极管

1. 晶体三极管的种类

晶体三极管按结构分为 NPN 和 PNP 型；按工作频率分为高频三极管和低频三极管；按功率分为大功率、中功率、小功率三极管；按材料分为硅管和锗管；按封装形式分为金属封装和塑料封装。常见三极管外形和电路符号见表 1-12。

表 1-12 三极管的实物外形及符号

元件名称	实物外形	符号
金属壳封装低频大功率三极管		NPN型
金属封装小功率三极管		
塑封三极管		PNP型

2. 晶体三极管的主要参数

（1）电流放大系数。电流放大系数分为直流电流放大系数和交流电流放大系数。直流电流放大系数是指晶体管在直流工作状态下的放大系数，即

$$\overline{\beta} = \frac{I_C - I_{CEO}}{I_B} \approx \frac{I_C}{I_B}$$

交流电流放大系数是指有信号输入时电流的变化量之比。即

$$\beta = \frac{\Delta i_C}{\Delta i_B}$$

以上两个参数分别表明了三极管对直流电流及交流电流的放大能力。但在小电流情况下，可以认为 $\overline{\beta} = \beta$，因而在实际使用时一般不再区分。

（2）集电极最大允许电流 I_{CM}。集电极电流 I_C 在一个相当大的范围内，$\overline{\beta}$ 和 β 的值基本不变，但当 I_C 超过 I_{CM} 值时，将引起晶体管 β 值明显下降。

（3）集电极最大允许耗散功率 P_{CM}。晶体管的集电极功率损耗为 $P_C = I_C U_{CE}$，它将使集电结温度升高，管子发热。若 $P_C > P_{CM}$ 将使晶体管性能变坏，最终导致烧毁。

（4）反向击穿电压 $U_{(BR)XXX}$。如果加到 PN 结上的反向偏置电压过高，PN 结就会反向击穿。反向击穿电压与三极管本身的特性及外电路的接法有关。常用的击穿电压有：

$U_{(BR)EBO}$ 集电极开路时，射—基极间的反向击穿电压。

$U_{(BR)CBO}$ 发射极开路时，集—基极间的反向电压。

$U_{(BR)CEO}$ 基极开路时，集—射极间的反向击穿电压。

（5）特征频率 f_T。因为 β 值随工作频率的升高而下降，频率越高 β 下降越严重。三极管的特征频率 f_T 是指当 β 值下降到 1 时的频率值。就是说，在这个频率下工作的三极管，已失去放大能力，即 f_T 三极管运用的极限频率。因此在选用三极管时，一般管子的特征频率要比电路的工作频率至少高 3 倍以上，但并不是 f_T 越高越好，否则将引起电路的振荡。

3. 晶体三极管的测试及引脚判别方法

（1）从外形结构判别引脚。从外形结构判别引脚常用小功率三极管，有金属外壳封装和塑料外壳封装两种，如图 1-6 所示。

金属外壳封装的管壳上带有定位销，将管底朝上，从定位销起，按顺时针方向，三根电极依次为 e、b、c 如图 1-6（a）所示。塑料外壳封装的，将平面对自己，三根电极置于下方从左到右，三根电极依次为 e、b、c 如图 1-6（b）所示。

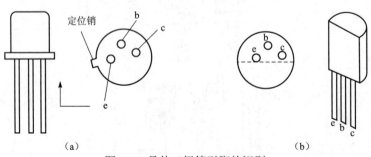

图 1-6 晶体三极管引脚的识别

（a）金属外壳封装；（b）塑料外壳封装

(2) 用数字万用表测量晶体三极管的电流放大系数 β。利用数字万用表的 h_{FE} 挡测试晶体三极管的电流放大系数（β 值），操作简单，显示直观。

如果要测试 NPN 型三极管，将三极管的三个电极插入 NPN 所对应的 E、B、C 插孔中，（注意引脚与插孔上的 E、B、C 对应关系，不得有误）在数字万用表显示屏上即能读数值。

如果要测试 PNP 型晶体管的放大倍数，只需将三极管的 E、B、C 插入 PNP 所对应的 E、B、C 插孔中。直接从数字万用表上读取数值即可。

1.3.5 集成电路

1. 集成电路的种类

（1）按制作工艺的不同可分为半导体集成电路、膜集成电路、混合集成电路。半导体集成电路是目前应用最广泛，品种繁多，发展迅速的一种集成电路。根据采用的晶体管不同，又可分为双极型和单极型两种。双极型集成电路又称 TTL 电路。而单极型集成电路采用了 MOS 场效应管，因而又称 MOS 集成电路。MOS 集成电路又可分为 N 沟道 MOS 电路，简称 NMOS 集成电路。P 沟道 MOS 电路，简称 PMOS 集成电路。由 N 沟道、P 沟道 MOS 晶体管互补构成的互补 MOS 电路，简称 CMOS 电路。这种电路具有工艺简单，功耗低，集成度高等优点，因而发展迅速，应用极为广泛。

膜集成电路是用膜工艺在绝缘基片上制作的，由于成膜工艺及膜厚度的不同又可分为薄膜集成电路和厚膜集成电路两种。在绝缘基片上，由薄膜工艺形成有源元件、无源元件和互连线而构成的电路称为薄膜集成电路。由于制造上的困难和成本，厚膜工艺制造有源器件发展缓慢。为了充分利用膜集成电路和半导体集成电路的优点，做到优势互补，混合集成电路应运而生。在陶瓷等绝缘基片上，用厚膜工艺制作厚膜无源网络，用半导体工艺制作有源器件，由此所构成的集成电路就为厚膜混合集成电路。

（2）按照集成度的不同，可分为小规模、中规模、大规模和超大规模集成电路。集成度是指一块芯片上所包含的电子元器件的数量。芯片上的集成度在 100 个元件以内或 10 个门电路的集成电路称为小规模集成电路。芯片上的集成度在 10~100 个门电路之间或集成元件在 100~1 000 个之间者称为中规模集成电路。芯片上的集成度在 100 个门电路以上或 1 000 个元器件以上者称为大规模集成电路。芯片上的集成度在一万个门电路或 10 万个元器件以上的集成电路，称为超大规模集成电路。随着集成电路工艺的不断发展，集成度在不断提高，集成规模的定义也在发生着变化。

（3）按照功能分为数字集成电路、模拟集成电路、微波集成电路三大类。数字集成电路是以"开"和"关"两种状态，或以"1"和"0"两个二进制数进行数字的运算存储、传输及转换的电路。数字电路的基本形式有两种：门电路和触发器电路。将两者结合起来，原则上可以构成各种类型的数字电路，如计数器、存储器等。

模拟集成电路是处理模拟信号的电路。模拟集成电路可分为线性集成电路和非线性集成电路。输出信号随输入信号的变化成线性关系的电路称线性集成电路，如音频放大器、高频放大器、直流放大器等。输出信号不随输入信号而线性变化的电路称非线性集成电路，如对数放大器、检波器、变频器等。

微波集成电路是指工作频率在 1 GHz 以上的微波频段的集成电路。多用于卫星通信、导航、雷达等方面。

2. 集成电路引脚识别与性能好坏的判断

集成电路的外封装形式大致可分为四种。即圆形金属外壳封装、扁平型陶瓷或塑料外壳封装、双列直插型陶瓷或塑料封装、单列直插式封装。它们的引出线分别有 8、10、12、14、16 根等多种，最多的可达 60 多根引脚。其中单列直插、双列直插型为多见，如图 1-7 所示。

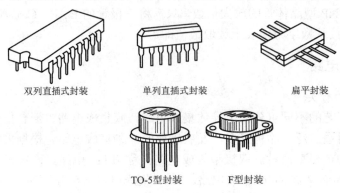

图 1-7　集成电路外形

集成电路引脚排列顺序的标志，一般有色点、凹槽、管键及封装时压出的圆形标志。

集成电路的引脚较多，正确识别排列顺序是很重要的，对于扁平型或双列直插型集成块引脚的识别方法是：以左边缺口和型号正方向为标志，从左下第 1 引脚开始，按逆时针方向数，依次为 1、2、3…如图 1-8 所示。大多数芯片左上脚接电源，右下脚接地。实际使用时，需查看手册规定。

当集成电路接入电路后，若出现故障，一般检查判断的方法有以下几种：一是在断电的情况下，用万用表欧姆挡测集成电路各脚对地的电阻，然后与标准值比较，从中发现问题。二是用万用表（或用示波器直流耦合方式）测各脚对地电压，当集成电路供电电压符合规定的情况下，如有不符合标准电压值的引脚，再查其外围元件，若无损坏和失效，则可以认为是集成电路的问题。三是用示波器观看其波形，并与标准波形进行比较，从中发现问题。最后的办法是用同型号的集成块进行替换试验。

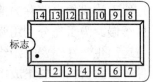

图 1-8　集成电路引脚识别

第 2 章　常用仪器仪表的使用

2.1　VC9802A⁺数字式万用表

VC9802A⁺数字式万用表是一种性能稳定、高可靠性的 3 位半数字多用表。整机以双积分 A/D 转换为核心，具有数据保持、背光显示、自动关机、自动恢复保险丝保护，防磁抗干扰能力强等特点，该仪表可用来测量交、直流电压，交、直流电流，测量电阻、电容、二极管和三极管的 h_{FE}。具有通断测试、低电压显示、火线判断等功能。

2.1.1　面板功能说明

VC9802A⁺数字式万用表面板如图 2-1 所示。

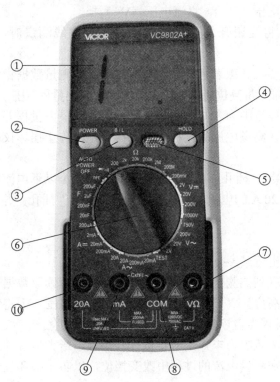

图 2-1　数字式万用表面板

其中：
① LCD 液晶显示屏：显示仪表测量数据。
② POWER 电源开关：开启及关闭电源。

③ B/L 背光开关：开启背光灯，约 20 s 后自动关闭。

④ HOLD 保持开关：按下此功能键，保持当前所测数据。在显示屏上出现"HOLD"字符，弹起此键"HOLD"字符消失，退出保持功能。

⑤ 火线指示灯。

⑥ 旋钮开关：用于改变测量功能及量程。

⑦ "VΩ"：电压、电阻（红表笔）插孔。

⑧ "COM" 公共地：（黑表笔）及测试附件正极插孔。

⑨ "mA"：小于 200 mA 电流测试插孔及测试附件负极插孔。

⑩ "20 A"：电流测试插孔。

2.1.2 使用方法

1. 电压、电阻的测量

将黑表笔插入"COM"插孔，红表笔插入"VΩ"插孔，将旋钮开关置于相应的挡位及合适的量程。

注意：

（1）正确选择交流电压（V~）、直流电压（V–）挡。

（2）测量电阻时，将旋钮开关置于 Ω 挡，若进行在线测量时，请先将被测电路电源切断。

（3）测量电压时，要红、黑表笔并联到被测线路，待测量数据稳定后读取数据。

（4）测量时，LCD 显示屏高位显示"1"表示测量已超出量程范围，需将量程旋至较高挡位。

（5）测量前被测电压范围为未知，应将量程开关置于最大量程并逐渐下调。

（6）严禁量程开关在测量电压的过程中改变挡位，以防止损坏仪表。

2. 电流的测量

将黑表笔插入"COM"插孔，当测量最大值为 200 mA 以下电流时，红表笔插入"mA"插孔；当测量最大值为 20 A 的电流时，红表笔插入"20 A"插孔。并将旋钮开关置于相应的挡位及合适的量程。

注意：

（1）正确选择交流电流（A~）、直流电流（A–）挡；

（2）红、黑表笔串联到被测电路中，待测量数据稳定后读取数据。

（3）测量时显示屏高位显"1"表示测量已超出量程范围，需将量程旋至较高挡位。

（4）200 mA 以下量程为自恢复保险丝，20 A 量程无保险。

（5）测量前被测电流范围为未知，应将量程开关置于最大量程并逐渐下调。

（6）严禁量程开关在测量电流的过程中改变挡位，以防止损坏仪表。

3. 电容的测量

将测试附件的正极⊕插入"COM"插孔，负极⊖插入"mA"插孔，将旋钮开关置于电容 F 挡位及合适的量程。

将电容插入测试附件与之对应的插孔中。

注意：

（1）测试电容之前，应对电容进行放电，以防止损坏仪表。

（2）大电容严重漏电或击穿时，仪表将显示一数字且不稳定。

（3）测量时显示屏高位显"1"表示测量已超出量程范围，需将量程旋至较高挡位。

4. 二极管及蜂鸣器通断测试

将黑表笔插入"COM"孔，红表笔插入"VΩ"孔，将旋钮开关置于" •))) ⤳ "挡，将表笔并接到被测二极管两端。

（1）二极管正向测量：红表笔接二极管正极，黑表笔接二极管负极。LCD显示屏上的读数即为二极管正向电阻的近似值。

（2）二极管反向测量：黑表笔接二极管正极，红表笔接二极管负极。正常时LCD显示超量程。

（3）通断测试：将表笔连接到待测线路的两端，如果两端之间电阻低于（70±20）Ω，内置蜂鸣器将会发出声音。

5. 晶体管 h_{FE} 的测试

将测试附件的正极⊕插入"COM"插孔，负极⊖插入"mA"插孔，将旋钮开关置于 h_{FE} 挡。

（1）确定晶体管是 NPN 或 PNP 型，将基极、发射极和集电极分别插入附件相应的插孔。

（2）显示屏上将显示 h_{FE} 的近似值。

6. 火线识别 TEST

黑表笔插入"COM"插孔，红表笔插入"VΩ"插孔，将旋钮开关置于 TEST 挡位。

（1）如果显示屏显示"1"且有声光报警，则红表笔所接的被测线为火线。若没有任何变化，则红表笔所接的为零线。

（2）本功能仅检测标准市电火线（AC110 V～AC380 V）。

（3）本功能必须安全规范操作，防止触电！

2.2 DH1718G–2 型三路直流稳压电源

DH1718G-2 型三路直流稳压电源是由两路可调电源（0～32 V、0～2 A）和一路固定电源（5 V/3 A）组成的，具有恒压、恒流功能。该稳压电源具有串联主从工作方式，左边为主路，右边为从路，在跟踪状态下，从路的输出电压可随主路而变化。

2.2.1 面板说明

DH1718G-2 型三路直流稳压电源面板说明如图 2-2 所示。

其中：

① 电源开关。

② 电源指示灯。

③ 电压调节旋钮：调节左、右两路电源电压输出值。

④ 跟踪/常态键：按下为跟踪状态，此时右路（从路）输出电压随左路（主路）输出电压变化而变化。弹起为常态，此时左、右两路为独立电源。

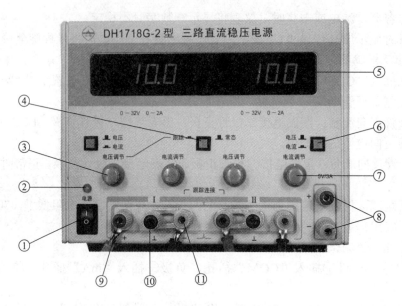

图 2-2 三路直流稳压电源面板

⑤ 显示窗口：显示左、右两路输出电压或电流数值。
⑥ 电压/电流切换键：此键弹出为电压输出，按下为电流输出。
⑦ 电流调节旋钮：调节左、右两路电流输出值。
⑧ 5 V/3 A 固定电源电压正、负极接线柱。
⑨ 电源输出正极"＋"接线柱（红色）。
⑩ 接地端"⊥"（黑色）：通过短路片将其与电源正极接线柱或负极接线柱相连接。
⑪ 电源输出负极"－"接线柱（绿色）。

2.2.2 使用方法及注意事项

（1）打开电源，根据需要选择电压/电流切换键，调节与其对应电压或电流旋钮，使输出显示窗口的电压或电流数值随该旋钮变化。

（2）正、负电源电压输出：按下跟踪键，使其左路输出正电源（电源负极与接地端相连接），右路输出负电源（电源正极与接地端相连接）。调节左路电压旋钮使其输出合适的电压值，右路工作在跟踪状态（此时右路的调节旋钮不起作用）。

（3）稳压电源输出电压时，应在输出端开路时调节；输出电流时，应在输出端短路时调节。

（4）当稳压电源输出电压时，电流调节旋钮不能调为零；反之，当稳压电源输出电流时，电压调节旋钮不能调为零。否则，易使电源处于输出保护状态（无输出）。

2.3　HG2172 型单通道交流毫伏表

HG2172 型交流毫伏表是一种高灵敏度的交流电压测量仪器，能测量 100 μV～300 V、

5 Hz~2 MHz 的正弦波电压有效值，具有使用方便、稳定可靠等特点。

2.3.1 面板说明

HG2172 型单通道交流毫伏表面板如图 2-3 所示。

图 2-3 单通道毫伏表面板

其中：

① 表头：刻度盘上有交流电压测量 0~1 V 和 0~3 V，及电平测量分贝值各两条刻度线。

② 电源开关：当开关按下时，接通交流供电电源。

③ 电源指示灯：交流供电电源接通时，指示灯发亮。

④ 量程开关：左边 1~300 mV，右边 1~300 V 共 12 挡。根据被测电压的有效值进行量程选择。

⑤ 指针机械零位调整装置：在电源开关关断的条件下，将测试线的输入端（红、黑夹子）短路，用螺丝刀进行指针归零调整。

⑥ 通道输入端：被测电压输入端。

2.3.2 使用方法

（1）通电前需检查表头指针的机械零位，未归零位时，需通过调整机械零位使其归零。

（2）量程选择：测量前，应根据被测信号的大小正确选择量程。若被测电压未知，应将量程开关放置最高挡，待接入信号后逐渐减小量程。为保证测量精度，选量程时应使表针指示接近表盘 3/4 处。

（3）开机后需预热 10 s，待表针归零后方可测量。

（4）使用时将测试线的黑夹子接入线路的地端，然后将红夹子与被测信号相连接。

（5）根据量程，结合表盘刻度，读取数据。

2.3.3 注意事项

（1）该仪器的最大输入电压为：交流峰值+直流值 = 600 V。

（2）由于该仪器灵敏度高，在使用 100 mV 以下量程时，应避免测试线输入端开路，以防止外界干扰电压造成打表针现象。

（3）表针指示值为正弦波有效值，只能测量规定频率范围内的正弦波，不能测量非正弦波及直流电压。

（4）使用完毕后，应将量程开关放置最高挡。

2.4　DF1631 型功率函数发生器

2.4.1　主要技术指标

DF1631 型功率函数发生器是以 LED 方式直接显示即时频率和输出电压幅值的多功能函数发生器，能直接产生正弦波、三角波、方波、脉冲波及单脉冲。其主要技术指标如下：

1. 电压输出

　　频率范围：0.1～3 MHz，6 位 LED 显示。

　　输出幅度：≥20 V_{P-P}（空载），3 位 LED 显示。

　　直流偏置：0～10 V 连续可调。

　　阻抗：50 Ω ± 10%。

　　衰减：20 dB　40 dB　60 dB。

2. 功率输出

　　频率范围：0.1～200 kHz。

　　输出功率：f≤200 kHz，5 W_{max}。

　　输出幅度：≥20 V_{P-P}。

　　负载阻抗：≥4 Ω。

3. TTL 输出

　　输出电平：高电平≥2.4 V，低电平≤0.5 V。

　　带载能力：能驱动 20 只 TTL 负载。

4. 同步输出

　　同步输出：为连续 TTL 脉冲，可作同步信号。

5. 计数输入（频率计）

　　外测频率范围：10 Hz～10 MHz，6 位 LED 显示。

　　输入阻抗：不小于 1 MΩ/20 pF。

　　灵敏度：100 mV_{rms}。

　　闸门时间：0.01 s、0.1 s、1 s、10 s。

最大输入：150 V（AC+DC）带衰减器。

输入衰减：20 dB。

测量误差：不大于 $3×10^{-5}±1$ 个字。

6. 压控输入

输入电压：−5～0 V。

最大压控比：1 000∶1。

输入信号：DC～1 kHz。

2.4.2 面板说明

功率函数发生器面板功能如图 2-4 所示。

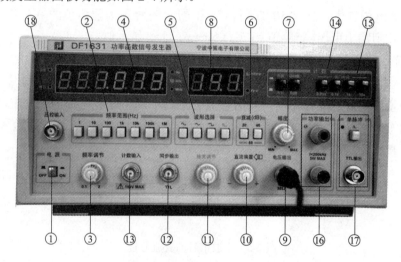

图 2-4　功率函数发生器面板

其中：

① 电源开关：开关按下时电源接通。

② 频率倍乘：频率倍乘按钮开关与旋钮③配合使用，选择输出信号频率。

③ 频率调节：与按钮②配合调节输出频率，按钮②（1 Hz～1 MHz）为频率粗调，旋钮③为频率细调。

④ 频率显示：所有内部产生的信号频率或外测信号频率均由此 6 位 LED 显示。

⑤ 波形选择：

• 选择正弦波、三角波、方波、脉冲波四种波形之一作为输出波形。

• 当波形选择为脉冲波时，与旋钮⑪配合使用，可以改变脉冲的占空比。

⑥ 衰减（分贝值）：

• 按下单个按钮可产生 20 dB 或 40 dB 衰减；

• 两只按钮同时按下可产生 60 dB 衰减。输出衰减分贝值与电压衰减倍数之间的关系见表 2-1。

表 2-1 输出衰减分贝值与电压衰减倍数之间的关系

输出衰减/dB	0	20	40	60
电压衰减倍数	不衰减	10	100	1 000
最大输出电压/V_{P-P}	20	2	0.2	0.02

⑦ 幅度调节：调节幅度电位器可以同时改变电压输出和功率输出幅度。为保证指示的精度，当需要输出幅度小于信号源最大输出幅度的 10%，建议使用衰减器。

⑧ 输出显示：
- 当有功率输出，且负载阻抗≥4 Ω，电压输出衰减器不按下时，显示功率输出端的输出电压峰-峰值。
- 当电压输出端负载阻抗为 50 Ω 时，输出电压峰-峰值为显示值的 0.5 倍；若负载阻抗（R_L）变化时，则输出电压峰-峰值=[R_L/(50 + R_L)] × 显示值。

⑨ 电压输出：电压输出波形由电缆输出，阻抗为 50 Ω。

⑩ 直流偏置：拉出此旋钮可在 0～10 V 之间任意设定输出波形的直流分量。顺时针方向调整时直流分量增大，逆时针方向调整时直流分量减小，将此旋钮推进则直流电位为零。

例如：方波信号的直流分量（直流偏置）如图 2-5（a）中虚线所示，图 2-5（b）中方波信号的直流分量为零。

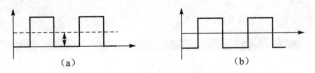

图 2-5 方波信号的直流分量
(a) 直流偏置；(b) 直流分量为零

⑪ 占空比：当选择脉冲波形时，改变此电位器可以改变脉冲的占空比。

⑫ 同步输出：输出波形为 TTL 脉冲，可作同步信号。

⑬ 计数输入。

⑭ 计数。
- 频率计内测和外测（按下）频率信号的选择。
- 外测频率信号衰减选择。按下时信号衰减 20 dB（当输入的外来信号幅度大于 10 V_{P-P} 时，建议按下衰减）。

⑮ 闸门时间：选择不同的闸门时间，可以改变显示信号频率的分辨率。

⑯ 功率输出：当频率低于 200 kHz 时，信号从红、黑色插孔输出；当频率高于 200 kHz 时无输出，且红色发光管亮。

⑰ 单脉冲输出：当按下单脉冲触发按钮时，由 TTL 输出插孔输出单个脉冲，同时指示发光管闪烁一下。

⑱ 压控输入：外接电压控制频率输入端。

2.5 TDS1002 型数字存储示波器

TDS1002 型示波器是一种智能化的存储示波器，它在内部引入了微处理器，不仅能对波形信息进行数字化处理，而且具有自动操作、自动设置、数字存储以及将测量结果通过字符进行显示，并且具有采集、存储信号、缩放并定位波形、测量波形的参数等功能。示波器的频带宽度达 60 MHz，它可以进行双踪显示，以便于对两个信号进行对比和分析。

2.5.1 面板说明

TDS1002 型示波器面板如图 2-6 所示。

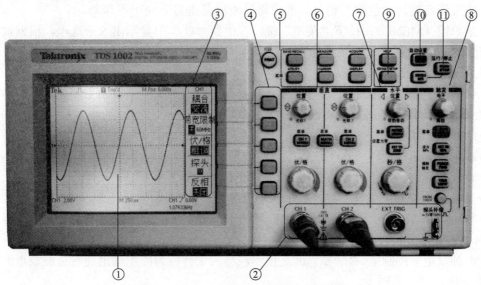

图 2-6　TDS1002 型数字存储示波器面板

其中：

① 屏幕显示区：显示待测信号的波形及各种参数的测量结果。

② 信号连接区：由三个外接输入信号插座和一个探头补偿器组成。"CH1"和"CH2"分别为通道 1 和通道 2 的输入信号连接插座，"EXT TRIG"是外部触发信号的输入端口。"探头补偿器"实际上是示波器内部提供的一个 5 V、1 kHz 标准的方波信号，用来检查示波器是否正常工作。

③ 菜单框：具有 5 个选项与④菜单按钮配合使用，可以改变每个选项的设置。

④ 菜单按钮：是③"菜单框"对应按钮，通过按钮选择选项。

⑤ 功能控制菜单区。

• 保存/调出（SAVE/RECALL）：存储或调出示波器设置或波形。该按钮是将一些常用的或反复测量的某一特殊量或波形，在关闭示波器电源前最后一次更改后等待 5 s，示波器就会储存当前设置，下次接通电源时会自动调出此设置。

• 测量（MEASURE）：显示"测量"菜单。在"类型"选项中共有 11 种测量类型，根据需要选择测量参数，即可实现自动测量。

• 采集（ACQUIRE）：显示"采集"菜单。共有三种获取方式：采样、峰值检测、平均值。选择"平均"模式进行采集，示波器可采集几个波形，将它们平均，然后显示最终波形。

这时可以减少随机噪声，使波形清晰。采集次数可以通过菜单的选项进行调整。

• 光标（CURSOR）：显示"光标菜单"。在"类型"选项中选择电压或时间，光标可精确测量待测波形中的电压和时间。

• 显示（DISPLAY）：显示"显示菜单"。在"格式"选项中可选择 YT 和 XY 波形的显示方式。"YT"是测量未知信号波形时常选用的扫描方式，"XY"是测量输出信号和输入信号之间关系时采用的一种工作模式。

• 功能（UTILITY）钮：显示"功能菜单"。可查询示波器的状态，让系统进行"自校正"及语言设置。

⑥ 垂直控制区。

• 位置钮：旋转"位置"钮时，波形将沿着屏幕垂直方向上下移动。

• 菜单键（MENU）：按下"菜单"键，在"菜单框"中显示出 5 个选项，根据被测信号波形所需，常用"耦合"选项选择直流或交流，"探头"选项选择 1× 或 10×。"探头"选项应与探头测试笔上的衰减相对应。

• 伏/格钮：旋转"伏/格"钮时，波形在垂直方向上的刻度系数发生变化，即屏幕在垂直方向上每大格所代表电压数值将改变，如图 2-7 所示。

⑦ 水平控制区。

• 水平位置钮：旋转"水平位置"钮时波形将沿着屏幕水平方向左右移动。

• 设置为零键：按下"设置为零"，将水平位置设置为零。

• 菜单键：按下"菜单"键，显示水平信息。

• 秒/格钮：旋转"秒/格"钮时，波形的水平方向上的刻度系数发生变化，即屏幕在水平方向上每大格所代表时间数值将改变。

⑧ 触发电平控制区。"触发"就是使示波器的采样行为能主动地随着待测波形的频率和相位而变化，使二者同步。

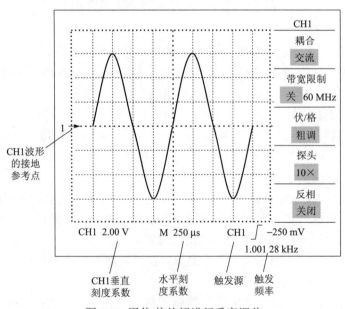

图 2-7 用伏/格旋钮进行垂直调节

- 触发电平旋钮：当波形不稳定时，调节"触发电平"旋钮，使示波器上得到一个稳定的波形以便于观察和测量记录。
- 触发菜单：按下"触发菜单"按钮，通过子菜单上的"信源"来选择信号的触发源。若只用 CH1 通道，则"信源"相应选择 CH1；如果两路通道同时测量时，示波器自动以信号频率低的通道作为触发信源。
- 设为 50%按钮：将触发电平设定在待测信号幅值的 50%处，使原来屏幕上滚动不停的波形立即稳定。

⑨ 默认设置（DEFAULT SETUP）：默认设置是示波器在出厂前设置的常规操作，需要调出此设置时，可按下"DEFAULT SETUP（默认设置）"按钮，默认设置时两个通道的探头衰减均为 10×。

⑩ 自动设置（AUTOSET）：按下此按钮可获得稳定的波形显示效果。自动设置功能可以自动调整垂直刻度、水平刻度和触发信号设置，同时可在刻度区域显示峰-峰值、周期、频率等几个自动测量结果。

⑪ 运行/停止（RUN/STOP）：此按钮可立即启动或停止测量信号，获得稳定的波形显示效果。

2.5.2 基本使用方法

测量输入信号时，通常有刻度测量、自动测量、光标测量等几种方法。

1. 刻度测量

利用"刻度测量"的方法能快速、直观地进行波形幅值、周期等参数的近似测量。如图 2-7 所示，测量正弦波的峰-峰值及周期。

（1）峰-峰值：在屏幕的垂直方向占了 6 个大格，垂直刻度系数为 2 V/格，则峰-峰值电压为

$$2 \text{ V/格} \times 6 \text{ 格} = 12 \text{ V}$$

（2）周期：正弦波变化一周在屏幕的水平方向占了 4 个大格，水平刻度系数为 250 μs/格，则周期为

$$250 \text{ μs/格} \times 4 \text{ 格} = 1 \text{ ms}$$

2. 自动测量

（1）利用"AUTOSET（自动设置）"按钮直接显示被测信号参数。此方法可以测量信号的周期、频率、峰-峰值和均方根值等波形参数，以测量 CH1 信号为例，测量步骤如下：

① 将 CH1 的探头与信号连接，输入正弦波信号，探头测试笔接信号输入端，黑夹子与信号接"地"端相连。

② 按下"CH1 MENU（菜单）"按钮，示波器屏幕上显示如图 2-7 所示"菜单框"，按下"耦合"选项（循环选择按钮），有直流、接地和交流三种选择。若波形只含有交流分量时选择"交流"耦合方式，若被测波形包含直流分量应选择"直流"耦合方式，同时在示波器上可以观察到直流分量。然后将"探头"选项设置为 10×，同时探头测试笔上的衰减开关置 10×，只有探头匹配自动测量后屏幕上显示的参数才可以直接读取。

③ 按下"AUTOSET（自动设置）"按钮，可以即刻读出 CH1 通道信号的周期、频率、

峰-峰值和均方根值等波形参数。显示如图 2-8 所示。

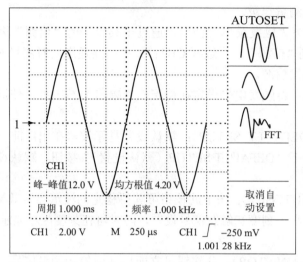

图 2-8 利用"AUTOSET"按钮直接显示被测信号参数

（2）利用"MEASURE（测量）"按钮测量信号参数。此方法可以测量信号的周期、频率、平均值、峰-峰值、均方根值、最大值、最小值、上升时间、下降时间、正频宽、负频宽等参数。以测量 CH1 信号的频率为例，用自动测量方法在 CH1 通道上显示正弦波信号：

① 按下"MEASURE（测量）"控制按钮，示波器屏幕显示如图 2-9（a）所示；
② 按下"菜单框"中第 1 项按钮，在"信源"选项中选择 CH1 通道；
③ 按下"菜单框"中的第 2 项按钮，在"类型"选项中根据所要测量的信号参数，可循环选择频率、周期、峰-峰值等 11 项中任意一项。"菜单框"内第 3 项中自动显示所选定参数的数值，示波器屏幕上的显示如图 2-9（b）所示。

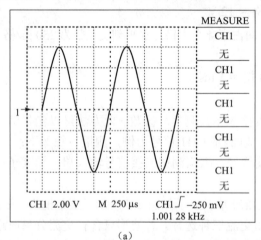
(a)

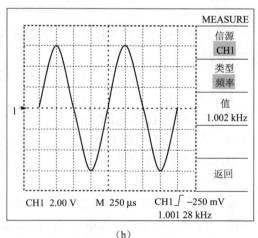
(b)

图 2-9 利用"MEASURE"按钮测量信号参数
(a)(b) 示波器屏幕上的显示

（3）测量两路信号的参数。此方法可以测量比较两路信号的周期、频率、平均值、峰-峰值、均方根值、最大值、最小值、上升时间、下降时间、正频宽、负频宽等参数。以测量

两路信号的频率、峰-峰值为例,其具体步骤如下:

① 将 CH1 通道和 CH2 通道的探头分别连接两路被测信号。

② 按下"AUTOSET(自动设置)"按钮,显示两路波形。

③ 按下"MEASURE(测量)"按钮,显示"测量"菜单。

④ 按下"菜单框"第 1 项按钮,在"信源"选项下先选择 CH1。

⑤ 按下"菜单框"第 2 项按钮,在"类型"11 种选项中,选择频率。

⑥ 按下"菜单框"第 5 项"返回"按钮,在屏幕上显示出 CH1"频率"参数。

⑦ 按下"菜单框"第 2 项按钮,"信源"选项保持 CH1 不变,在"类型"选项中,选择峰-峰值。

⑧ 按下"菜单框"第 5 项"返回"按钮,在屏幕上显示出 CH1"峰-峰值"参数。

⑨ 将"信源"选择为 CH2,重复上述操作,在相应位置即可显示出 CH2 的频率参数及峰-峰值参数。

注意: 如果信号调节不出来时,可按"DEFAULT SETUP(默认设置)",再重新进行上述操作。

3. 光标测量

使用光标可快速测量波形的时间和电压。

电压光标以水平线出现,用于测量垂直参数。以测量 CH1 信号的峰-峰值电压为例,光标测量方法的步骤如下:

① 用上述方法在示波器上显示 CH1 信号的波形。

② 按下"CURSOR(光标)"菜单按钮,示波器屏幕上的显示如图 2-10(a)所示。

③ 按下"菜单框"第 1 项按钮,在"类型"选项下选择"电压",屏幕显示如图 2-10(b)所示。

④ 按下"菜单框"第 2 项按钮,在"信源"选项下选择"CH1"通道,此时两通道的"垂直位置"旋钮分别变为光标 1 和光标 2,旋转光标 1 和光标 2 分别对准波形的峰-峰位置,则"增量"显示的就是其峰-峰电压值。

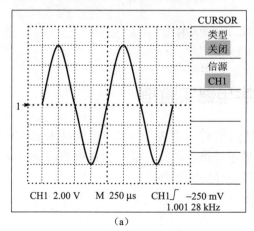
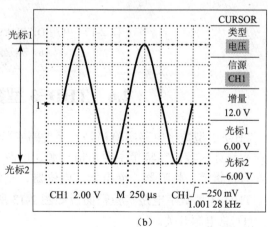

图 2-10 利用"CURSOR"按钮进行光标测量

(a)(b) 示波器屏幕上的显示

同理在"类型"选项下选择"时间",可以测量时间间隔如周期、脉冲宽度及相位差等。时间光标以垂直线出现,用于测量水平参数。

若测量两个正弦波相位差,如图 2-11 所示。计算方法如下

$$相位差(°) = 360° \times \frac{两波峰之间的增量(\varPhi)}{波形1周的增量(T)}$$

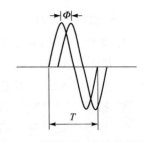

图 2-11 测量两正弦波的相位差

4. 用 "DISPLAY(显示)" 控制按钮观察李沙育图形

利用 "DISPLAY" 按钮观察李沙育图形的步骤如下:

① 首先在 CH1 通道接输入信号,在 CH2 通道接输出信号,且调节两个通道的垂直刻度系数一致。

② 按下 "DISPLAY(显示)" 按钮,示波器屏幕上的显示如图 2-12(a)所示。

③ 按下 "菜单框" 第 3 项按钮,即在 "格式" 选项下选择 XY,示波器上的显示如图 2-12(b)所示。

此时可以观察李沙育图形,该图形表示电路的输出信号和输入信号之间的关系,利用这种测量方法,可以观察电路的电压传输特性曲线。

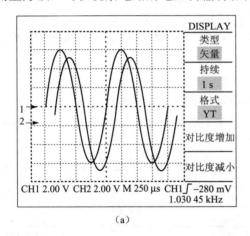
(a)

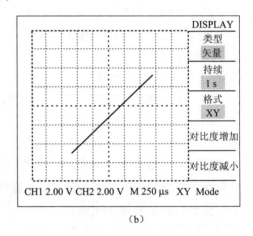
(b)

图 2-12 利用 DISPLAY 按钮观察李沙育图形
(a)(b)示波器屏幕上的显示

2.6 THD-3 型数字电路实验箱

THD-3 型数字电路实验箱是数字电路实验装置。它可以完成全部数字电路基本实验教学及课程设计内容。实验箱主要由信号源、电源、显示及指示单元、插接面包板等部分构成,并配有逻辑笔、蜂鸣器、继电器、电位器、复位按钮等功能部件。

THD-3 型数字电路实验箱面板如图 2-13 所示。

① 总电源开关。

② 面包板:由 8 条窄型面包板与 6 块宽型面包板构成,用来插装元器件、集成芯片及引线。面包板的正、反面如图 2-14 所示。

第 2 章 常用仪器仪表的使用

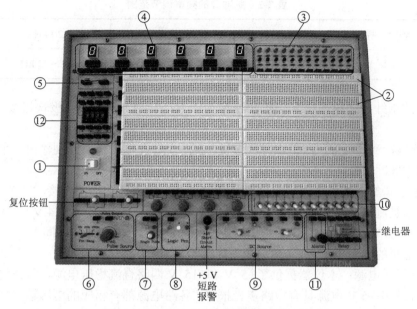

图 2-13 THD–3 型数字电路实验箱面板

- 图 2-14（a）中窄型面包板反面为上下、左右独立的 4 行金属导体，对应于正面每行上有 25 个插孔。插装线路时通常用作电源线、地线、公用信号源。
- 图 2-14（b）中宽型面包板反面为上下独立两排，每排有 64 列垂直金属导体。对应于正面每列上有 5 个插孔。用来安插元器件、芯片及导线。

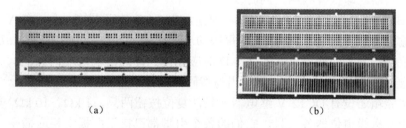

图 2-14 面包板构成

(a) 窄型面包板；(b) 宽型面包板

③ 逻辑电平显示：由 12 个 LED 发光二极管和 12 个电平输入黑色针孔插座组成。可用来显示二进制数及高、低电平，亮为"1"，灭为"0"。

④ 数码管显示：由 6 位 LED 数码管及与之对应的七段显示译码器组成，每位显示器都对应有 4 个输入端 D、C、B、A，D 为高位。输入为 8421BCD 码，数码管即显示出 0～9 中的十进制数。

⑤ 数码管电源：将+5 V 直流电源用导线引至 +5 V，数码管点亮。

⑥ 脉冲信号源：脉冲信号源输出连续的方波脉冲信号。输出频率由"频段选择"开关和"频率调节"旋钮确定。频率调节范围见表 2-2。

表 2-2 脉冲源的频率调节范围

频段选择开关	1 Hz	1 kHz	20 kHz
频率调节范围	1 Hz	600 Hz~1.3 kHz	9.9~23 kHz

方波脉冲由针孔插座输出，当输出频率为 1 Hz 时，LED 发光二极管将按 1 Hz 的频率闪烁。

⑦ 单次脉冲源：每按一次单次脉冲按键，在两个针孔输出插座分别输出一个负单次脉冲和一个正单次脉冲信号。

⑧ 三态逻辑笔：被测的逻辑电平信号通过导线与输入针孔插座连接，三个 LED 发光二极管立即显示被测信号逻辑电平的高低。"H"灯亮表示为高电平（＞2.4 V），"L"灯亮表示为低电平（＜0.6 V），"R"灯亮表示为高阻态或电压处于 0.6~2.4 V 之间。

注意：这里的参考电平为"⊥"，故不适合测量-15 V 和-5 V 电平。

⑨ 直流稳压电源：本仪器提供了±5 V 和±15 V 四路直流稳压电源，每路均有短路保护自恢复功能，其中+5 V 电源具有短路声光报警。各路电源都有相应的电源输出插座及相应的 LED 发光二极管指示，只要开启电源分开关，就有相应的电源输出。

注意：数字实验中只使用+5 V 电源。

⑩ 逻辑电平开关及对应的输出插口：由 12 个逻辑电平开关提供逻辑变量，当开关拨向"H"则对应的输出插口输出高电平（5 V）；当开关拨向"L"，则对应的输出插口输出低电平（0 V）。

⑪ 报警指示：由蜂鸣器和发光二极管组成，当电压信号（要求在 1~15 V 之间）接入输入插口，蜂鸣器立即报警鸣叫，同时发光二极管点亮。

⑫ 4 位 BCD 码拨码开关：每一位显示窗指示出 0~9 数字中的一个，在 A、B、C、D 四个输出插口输出相对应的 BCD 码电平。每按动一次"+"或"-"输出即增加或减少 1。

若将某位拨码开关的输出 A、B、C、D 对应连接到译码器输入端口 A、B、C、D 处，当接通+5 V 电源后，数码管将点亮并显示出与拨码开关指示一致的数字。

此外本实验箱还设有 DC12 V 继电器一只，复位按钮两只，1 kΩ、10 kΩ 多圈电位器和 100 kΩ、1 MΩ 碳膜电位器各一只。它们的各个引脚都已接至面板上相应插座，便于实验时选用。

第 3 章　数字电子技术实验

3.1　实验 1　门电路的功能和特性测试

1. 实验目的

（1）掌握 TTL 门电路的逻辑功能及其测试方法。
（2）掌握 CMOS 门电路的逻辑功能及其测试方法。
（3）熟悉三态门和集电极开路门（OC 门）的主要特性和使用方法。

2. 实验设备和器材

（1）TDS1002 型数字示波器；
（2）THD–3 型数字逻辑实验箱；
（3）集成电路芯片及电阻，见表 3-1。

表 3-1　集成电路芯片及电阻

序号	型号规格	功　　能	数　量	封装型式
1	74LS01	2 输入四与非门（OC）	1	14 脚双列直插
2	74LS86	2 输入四异或门	1	14 脚双列直插
3	74LS20	双 4 输入正与非门	1	14 脚双列直插
4	74LS125	四总线缓冲器（三态门，EN 低电平有效）	1	20 脚双列直插
5	CD4011	2 输入与非门	1	14 脚双列直插
6	$R_L = 1\ \text{k}\Omega$	上拉电阻	1	

3. 实验内容及步骤

（1）TTL 与非门 74LS20 的逻辑功能测试。测试电路如图 3-1 所示。根据表 3-2 的输入条件，测试电路的输出状态，并填入表 3-2 中。电路的输入通过逻辑开关控制，电路的输出状态由实验箱中的发光二极管（LED）确定。LED 亮表示输出状态为"1"，LED 灭表示输出状态为"0"。

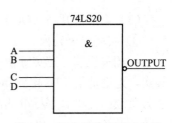

图 3-1　与非门功能测试电路

表 3-2　与非门的输入条件及输出状态

A	B	C	D	OUTPUT
0	0	0	0	
0	0	0	1	

续表

A	B	C	D	OUTPUT
0	0	1	1	
0	1	1	1	
1	1	1	1	

（2）TTL 异或门 74LS86 的功能测试。

① 静态测试。测试电路如图 3-2 所示，根据表 3-3 的输入条件，测试电路的输出状态，并填入表 3-3 中。具体方法同（1）。

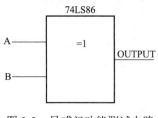

图 3-2 异或门功能测试电路

表 3-3 异或门的输入条件及输出状态

A	B	OUTPUT
0	0	
0	1	
1	0	
1	1	

② 动态测试。测试电路如图 3-3 所示，图中时钟脉冲输入端 A 接实验箱中的千赫兹连续脉冲信号，B 接逻辑电平开关，CH1、CH2 为双踪示波器的两路测试探头。测试条件如图 3-4 所示，画出输出 u_o 的波形。

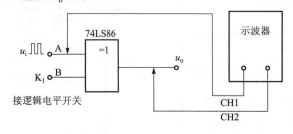

图 3-3 异或门动态测试电路

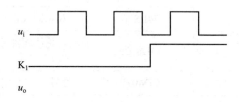

图 3-4 异或门动态测试波形图

（3）集电极开路（OC）与非门的应用。

① 实现电平转换。

• 相关说明：在实际使用中，通常会遇到 TTL 门电路和 CMOS 门电路互相对接的问题，其实，无论是用 TTL 电路驱动 CMOS 电路，还是用 CMOS 电路驱动 TTL 电路，驱动门必须能为负载门提供合乎标准的高低电平和足够的驱动电流，即必须同时满足下列条件：

驱动门   负载门

$V_{OH}(\min)$ $\geqslant$ $V_{IH}(\min)$

$V_{OL}(\max)$ $\leqslant$ $V_{IL}(\max)$

$|I_{OH}(\max)|$ $\geqslant$ $nI_{IH}(\max)$

$I_{OL}(\max)$ $\geqslant$ $m|I_{IL}(\max)|$

其中 $V_{OH}(\min)$——门电路输出高电平 V_{OH} 的下限值；

$V_{OL}(\max)$ ——门电路输出低电平 V_{OL} 的上限值；

$I_{OH}(\max)$ ——门电路带拉电流负载的能力，或称放电流能力；

$I_{OL}(\max)$ ——门电路带灌电流负载的能力，或称吸电流能力；

$V_{IH}(\min)$ ——为能保证电路处于导通状态的最小输入（高）电平；

$V_{IL}(\max)$ ——为能保证电路处于截止状态的最大输入（低）电平；

$I_{IH}(\max)$ ——输入高电平时流入输入端的电流；

$I_{IL}(\max)$ ——输入低电平时流出输入端的电流；

n，m ——负载电路中 I_{IH}、I_{IL} 的个数。

当用 74 系列或 74LS 系列 TTL 电路直接驱动 CD4000 系列或 74HC 系列 CMOS 电路时，所有系列 TTL 电路的 $V_{OH}(\min)$（$V_{OH}(\min) = 2.7\ V$）都低于 CD4000 系列和 74HC 系列 $V_{IH}(\min)$（CD4000 CMOS 电路 $V_{IH}(\min) = 3.5\ V$，74HC 系列的 CMOS 电路 $V_{IH}(\min) = 3.15\ V$）的要求。为此，必须设法将 TTL 电路输出高电平的下限值提高到 3.15 V 以上。

要实现 TTL 门电路直接驱动 CMOS 门电路最简单的解决方案是在 TTL 电路的输出端与电源之间接入上拉电阻 R_L，如图 3-5 所示。

● 实验内容：用 TTL（OC）门实现电平转换驱动 CMOS 电路，参考电路如图 3-5 所示，令 $V_{CC} = 5\ V$，$V_{DD} = 5\ V$，TTL OC 门采用 74LS01，CMOS 门采用 4011。用示波器测试 A 和 Y 的波形（输入 A 为连续方波）。

② 利用 OC 门电路的线与特性方便地完成与或非的逻辑功能。

● 相关说明：OC 门只有在外接负载电阻 R_L 和电源 V_{CC} 后才能正常工作，由两个集电极开路（OC）与非门的输出端相连组成的线与电路如图 3-6 所示。它们的输出为

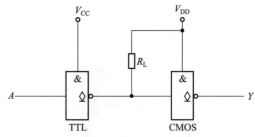

图 3-5 TTL（OC）门驱动 CMOS 电路的电平转换电路

$$Y = Y_A \cdot Y_B = \overline{A_1 \cdot A_2} \cdot \overline{B_1 \cdot B_2} = \overline{A_1 \cdot A_2 + B_1 \cdot B_2}$$

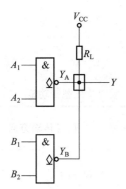

图 3-6 OC 门的线与应用电路

即把两个 OC 门的输出相与（称为线与），完成与或非的逻辑功能。

● 实验内容：用 TTL（OC）门实现与或非的逻辑功能，参考电路如图 3-6 所示，A_1、A_2、B_1、B_2 分别接逻辑电平开关，Y 接 LED 发光管，自拟表格验证与或非逻辑功能。

(4) 三态门的应用。

① 三态门数据传输方式。三态门是在普通门电路的基础上附加使能控制端和控制电路构成的。三态门除了通常的高电平和低电平两种输出状态外，还有第三种输出状态——高阻态。当门电路处于高阻态时，电路与负载之间相当于开路。图 3-7（a）是使能端高电平有效的三态与非门，当使能端 $EN = 1$ 时，电路为正常的工作状态，与普通的与非门一样实现 $Y = \overline{AB}$；当使能端 $EN = 0$ 时，电路为禁止工作状态，输出 Y 呈高

阻状态。图 3-7（b）是使能端低电平有效的三态与非门，当使能端 $EN=0$ 时，电路为正常的工作状态，实现 $Y=\overline{AB}$；当使能端 $EN=1$ 时，电路为禁止工作状态，输出 Y 呈高阻状态。

三态门电路的用途之一是实现总线传输。总线传输的方式有两种：一种是单向总线，如图 3-8（a）所示，逻辑功能表见表 3-4，可实现 A_1、A_2、A_3 向总线 Y 的分时传送。另一种是双向总线方式，如图 3-8（b）所示，逻辑功能表见表 3-5，可实现信号的分时双向传送。单向总线方式下，要求只有需要传输信息的那个三态门的控制端处于使能状态（$EN=1$），其余各门皆处于禁止状态（$EN=0$）。

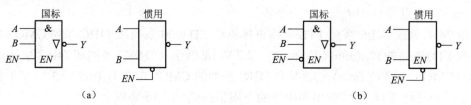

图 3-7 三态门的逻辑符号

（a）使能端高电平有效；（b）使能端低电平有效

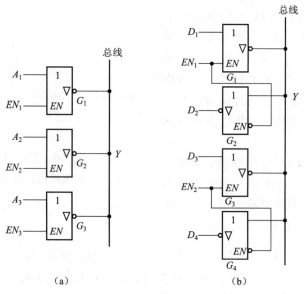

图 3-8 三态门总线传输方式

（a）单向总线方式；（b）双向总线方式

表 3-4 单向总线逻辑功能

使能控制			输出
EN_1	EN_2	EN_3	Y
1	0	0	$\overline{A_1}$
0	1	0	$\overline{A_2}$
0	0	1	$\overline{A_3}$
0	0	0	高阻

表 3-5 双向总线逻辑功能

使能控制		信号传输方向	
EN_1	EN_2		
1	0	$\overline{D_1} \to Y$	$\overline{Y} \to D_4$
0	1	$\overline{Y} \to D_2$	$\overline{D_3} \to Y$

② 三态门的实验内容。用三态门 74LS125 实现三路信号分时传送的总线结构，设计要求框图如图 3-9 所示，逻辑功能见表 3-6。

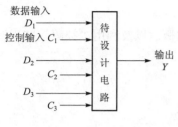

图 3-9 设计要求框图

表 3-6 逻辑功能表

控制输入			输出
C_1	C_2	C_3	Y
1	0	0	D_1
0	1	0	D_2
0	0	1	D_3

● 静态测试：在控制输入端和数据输入端加高低电平，然后用电压表测量输出端的电压值，自拟表格并进行记录。

● 动态测试：在控制输入端加高低电平，在数据输入端加连续脉冲，然后用示波器测量和观察对应的输入波形和输出波形，并记录这些波形。

4. 预习要求

（1）熟悉 TTL 与非门、异或门和 CMOS 与非门的逻辑功能、外部特性及主要指标的含义。

（2）熟悉 OC 门和三态门的工作特性及主要指标的含义。

（3）仔细阅读实验指导书，了解实验内容、实验目的和实验原理。

（4）设计出必要的实验记录表格。

（5）根据图 3-9 的要求，画出逻辑电路图并注明引脚号。

（6）完成思考题（1），（2），（3）。

5. 实验报告要求

（1）对实验结果和实验数据进行整理，分析。

（2）将示波器测量和观察到的波形画在方格纸上，输入与输出波形必须对应，即在一个相位平面上比较两者的相位关系。

（3）根据要求设计的项目应有设计过程和设计逻辑图，记录实际实验结果并进行分析。

（4）讨论并总结在实验中遇到的问题及解决的方法。

（5）讨论思考题（4），（5）。

6. 思考题

（1）TTL 与非门电路和 CMOS 与非门电路多余输入端应如何处理？

（2）噪声容限的含义是什么？

（3）用 OC 门时是否需要外接其他元件？如果需要，应如何取值？

（4）几个 OC 门的输出端是否允许短接？

（5）几个三态门的输出端是否允许短接？有无条件限制？应注意什么问题？

3.2 实验 2 组合逻辑电路

1. 实验目的

(1) 加深对组合逻辑电路分析和设计方法的了解。

(2) 通过加法和减法运算电路的设计,熟悉"补码"的概念以及利用"补码"实现减法运算的方法。

(3) 掌握数据选择器的设计和使用方法。

2. 实验设备和器材

(1) TDS1002 型数字示波器;

(2) THD–3 型数字逻辑实验箱;

(3) 集成电路芯片:74LS20、74LS00、CD4512、74LS283。

3. 实验内容及步骤

(1) 四舍五入判别电路。利用 TTL 与非门 74LS20 设计一个四舍五入判别电路,其输入为 8421BCD 码,当输入值大于或等于 5 时,输出为 1,反之为零。电路的输出直接和实验箱的 LED 相连。

(2) 利用数据选择器实现逻辑函数。利用 8 选 1 数据选择器 CD4512 实现如下逻辑函数

$$Y = ABC + AC + BC$$

列出函数的真值表,输入接逻辑电平开关,输出和 LED 相连。

(3) 利用 4 位并行加法器 74LS283 设计一个加/减法运算电路。当控制信号 $M=0$ 时,实现输入的两个 4 位二进制数相加;控制信号 $M=1$ 时,实现输入的两个 4 位二进制数相减。控制信号、输入信号接逻辑电平开关,输出接 LED。

4. 选做内容

(1) 用门电路实现一位全加运算电路,实现 $C = A + B$ 的运算,并通过实验箱的 LED 将结果进行显示。

(2) 码制转换电路。在二至十进制编码中,是用四位二进制代码表示一位十进制数(0~9)。根据不同的排列,可以组成多种编码,各种编码都有其各自的特点,适用于不同的应用场合,因此需要码制之间的转换。三种常用的码见表 3-7。

用四位加法器 74LS283 设计一个电路,实现 8421 码转换成余三码。

表 3-7 三种常用的 BCD 码

	8421	余 3 码	格雷码
0	0000	0011	0000
1	0001	0100	0001
2	0010	0101	0011
3	0011	0110	0010
4	0100	0111	0110
5	0101	1000	0111
6	0110	1001	0101

续表

	8421	余3码	格雷码
7	0111	1010	0100
8	1000	1011	1100
9	1001	1100	1101

5．预习要求

（1）熟悉组合逻辑电路的分析和设计方法。

（2）按照实验的要求设计出电路，画出完整的逻辑图。

（3）设计出必要的实验表格。

（4）查阅各集成电路芯片的引脚功能。

6．实验报告的要求

（1）整理实验数据。

（2）总结在实验中出现的问题及处理的方法。

（3）本次实验的收获体会。

（4）回答思考题。

7．思考题

（1）组合逻辑电路中可能出现的"竞争"—"冒险"现象产生的原因和消除方法。

（2）如何利用加法电路实现减法运算。

3.3　实验3　集成触发器

1．实验目的

（1）掌握边沿 JK 触发器的功能及触发方式。

（2）掌握边沿 D 触发器的功能及触发方式。

（3）学会用触发器构成应用电路。

2．实验设备和器材

（1）TDS1002 型数字示波器；

（2）THD-3 型数字逻辑实验箱；

（3）集成电路芯片：74LS76、CD4013、74LS04、74LS00。

3．实验内容及步骤

（1）集成双 JK 触发器 74LS76 的功能测试。

① 测试电路如图 3-10 所示，其中 $\overline{S}$，$\overline{R}$，J，K 和实验箱的逻辑电平开关 $K_0 \sim K_3$ 相连，CP 和实验箱的单次脉冲输出相连，输出 Q 和 $\overline{Q}$ 分别和实验箱的发光二极

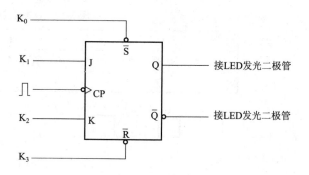

图 3-10　集成 JK 触发器的功能测试

管相连。

② 根据表 3-8 中的条件，测试电路的输出状态，并填入表中。

表 3-8　JK 触发器功能测试表

CP	Q	J	K	$\bar{R}$	$\bar{S}$	Q^{n+1}
×	×	×	×	0	1	
×	×	×	×	1	0	

③ 按动单次脉冲按钮，根据表 3-9 的条件，测试电路的输出状态，并填入表中（其中↑表示 CP 的上升沿，↓表示 CP 的下降沿）。

表 3-9　JK 触发器功能测试表

输入	J=K=1			J=0, K=1			J=1, K=0			J=K=0			J=K=0		
CP 脉冲信号	0	↑	↓	0	↑	↓	0	↑	↓	0	↑	↓	0	↑	↓
Q	0			1			0			1			0		

将 JK 触发器接成 T′触发器（即 J=K=1 时）进行动态测试。将 CP 和实验箱的连续脉冲输出相连，并将频率开关拨到千赫兹挡。将数字示波器的通道 CH1 和 CH2 分别与 CP 及输出 Q 相连，观察并画出两者的波形。

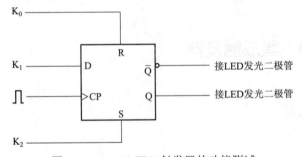

图 3-11　CMOS 双 D 触发器的功能测试

（2）CMOS 双 D 触发器 CD4013 的功能测试。

① 电路如图 3-11 所示，其中 S、R、D 端和实验箱的逻辑开关 $K_0 \sim K_2$ 相连，CP 和实验箱的单次脉冲输出相连，输出 Q 和 $\bar{Q}$ 分别和实验箱的发光二极管相连。

② 按动单次脉冲按钮，根据表 3-10 的条件，测试电路的输出状态，并填入表中（其中↑表示 CP 的上升沿，↓表示 CP 的下降沿）。

表 3-10　D 触发器功能测试表

D	0			1		
CP 脉冲信号	0	↑	↓	0	↑	↓
Q	0			1		

③ 将 D 触发器接成 T′触发器（即将 D 端接至 $\bar{Q}$ 端时）进行动态测试，步骤同实验内容（1）中的③，并在图 3-12 中对应 CP 画出 Q 的波形。

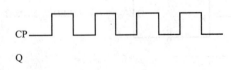

图 3-12　用示波器观察 Q 端输出波形

（3）三人智力竞赛抢答电路。用 JK 触发器或 D 触发器设计一个三人智力抢答电路，具体要求如下：

每个抢答人操纵一个微动开关,控制自己的一个指示灯,抢先按动开关者能使自己的指示灯亮起并封锁其余两人的指示灯。主持人可在最后按"主持人"微动开关使指示灯熄灭并解除封锁。图 3-13 是三人智力抢答电路的参考电路,实现的方法很多,希望同学自行设计。

设计三人智力抢答电路时,一定要注意抢答开关的连接方式,还要考虑开关提供的是正脉冲,还是负脉冲。

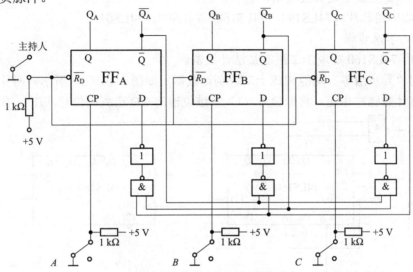

图 3-13 三人智力竞赛抢答电路

4. 预习要求

(1) 熟悉 JK 触发器和 D 触发器的功能表、特性方程及异步输入端的应用。
(2) 按照实验的要求设计出电路,画出完整的逻辑图。
(3) 设计出必要的实验表格。
(4) 查阅各集成电路芯片的引脚功能。

5. 实验报告要求

(1) 整理实验数据。
(2) 总结在实验中出现的问题及处理的方法。
(3) 本次实验的收获体会。
(4) 回答思考题。

6. 思考题

(1) 触发器实现正常逻辑功能时,异步输入端 S 和 R 应处于什么状态?悬空可不可以?
(2) 为什么设计三人智力抢答电路时,一定要注意抢答开关的接法,要考虑开关提供的是正脉冲,还是负脉冲?

3.4 实验 4 时序逻辑电路的应用

1. 实验目的

(1) 掌握集成计数器和双向移位寄存器的使用方法。

（2）学会用时序功能器件构成综合型应用电路。

（3）进一步提高使用示波器的能力。

2．实验设备和器材

（1）TDS1002 型数字示波器；

（2）THD-3 型数字逻辑实验箱；

（3）集成电路芯片：74LS194、74LS160、74LS00、74LS04。

3．实验内容及步骤

（1）利用 74LS160 实现十二进制加法计数器。

① 应用"异步清零"功能构成十二进制计数器，如图 3-14（a）所示。两片 74LS160 的 CP 端直接与计数脉冲相连，将低位片（Ⅰ）的进位输出 CO 送到高位片（Ⅱ）的计数控制端。

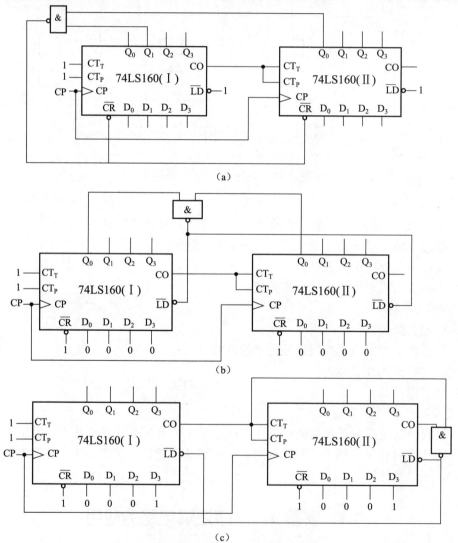

图 3-14　74LS160 组成的十二进制加计数器

(a) 借助异步清零功能电路图；(b) 借助同步置数功能电路图（置零法）；(c) 借助同步置数功能电路图

② 应用"同步置数"功能（置"0"法）构成十二进制计数器，如图 3-14（b）所示。当两片 74LS160 的 Q_0 同时为"1"时，产生置数信号，使下一个 CP 上升沿作用时两个计数器同时置"0"。

③ 应用"同步置数"功能（置数法）构成十二进制计数器，如图 3-14（c）所示。

④ 时钟脉冲 CP 由实验箱的连续脉冲提供（其频率开关拨到赫兹挡），计数器输出接 7 段数码管。观察计数器工作情况并画出 CP、片（Ⅰ）Q_0、Q_1、Q_2、Q_3 和片（Ⅱ）Q_0 对应的波形。

（2）利用 74LS194 双向移位寄存器实现彩灯控制电路。城市夜景常常用五彩缤纷的彩灯来装饰。用两片 74LS194 设计一个简单的 8 个彩灯控制电路。要求：彩灯电路在开始时清零，然后自动循环。彩灯花色由同学自行设计。74LS194 功能表见表 3-11。

表 3-11　74LS194 功能表

Cr	M_B	M_A	CP	功能
0	×	×	×	清零
1	0	0	↑	保持
1	0	1	↑	右移
1	1	0	↑	左移
1	1	1	↑	并行输入

4. 选做内容

（1）将两片 74LS160 连接成 100 进制加法计数器。

（2）利用清零法或置数法设计 41 进制加法计数器。时钟脉冲 CP 由实验箱的连续脉冲提供，并将连续脉冲的频率开关拨到赫兹挡。输出和实验箱的 7 段数码管相连。

5. 预习要求

（1）熟悉 74LS194，74LS160 的功能表。

（2）按照实验的要求设计出电路，画出完整的逻辑图。

（3）设计出必要的实验表格。

6. 实验报告要求

（1）整理实验数据。

（2）总结实验中出现的问题及处理的方法。

（3）总结本次实验的收获体会。

7. 思考题

（1）如何根据功能表判断清零信号和置数信号是同步触发还是异步触发？

（2）利用清零法和置数法进行任意进制的计数器的设计时，两者有什么不同，各有什么优点？

（3）调试时应注意的问题。

3.5　实验5　555定时器

1. 实验目的

（1）熟悉555定时器的工作原理。
（2）掌握用555定时器构成多谐振荡器，单稳态触发器和施密特触发器的方法及原理。
（3）学会555定时器的基本应用。

2. 实验设备和器材

（1）TDS1002型数字示波器；
（2）THD–3型数字逻辑实验箱；
（3）DF1631函数发生器；
（4）集成电路芯片：NE555、电阻和电容。

3. 实验内容及步骤

（1）用555定时器构成单稳态触发电路。单稳态触发电路如图3-15所示。图中 $R=1\ \mathrm{k\Omega}$，$C_1=10\ \mathrm{\mu F}$，$C_2=0.1\ \mathrm{\mu F}$。

① 在 u_i 端输入 1 kHz 的方波脉冲，幅值由小逐渐增大，测量 u_o 的幅值；再用示波器观测 u_o 与 u_i 的波形并记录于图3-16中，同时测出 u_o 的脉冲宽度 T_W （$T_W=1.1RC_1$）。

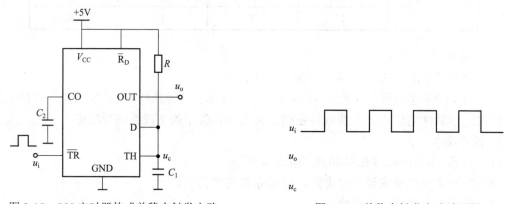

图 3-15　555定时器构成单稳态触发电路　　　　图 3-16　单稳态触发电路波形图

② 改变输入信号的频率，分析并记录输出波形的变化。
③ 若使 $T_W=100\ \mathrm{ms}$，应如何调整电路？

（2）利用555定时器构成多谐振荡器。

① 多谐振荡器电路连接如图3-17所示。
② 记录 u_{c1} 的波形和输出 u_o 的对应波形，并记录输出端的输出脉冲幅值、脉冲宽度和脉冲周期。

改变电容器 $C_1=100\ \mathrm{\mu F}$，重新记录上述数据，并比较两者的变化。

（3）利用555定时器构成两级多谐振荡器。

① 电路连接如图3-18所示。
② 记录 u_{o1} 和 u_{o2} 的对应波形。
③ 改变电位器 R_4 的位置，重新记录以上数据，并比较两者变化。

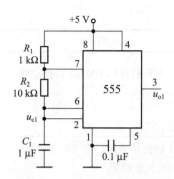
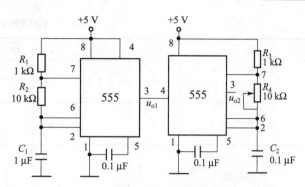

图 3-17　555 定时器构成的多谐振荡器　　　　图 3-18　555 定时器构成的两级多谐振荡器

4. 选做内容

利用 555 定时器构成施密特触发器。

5. 预习要求

（1）熟悉 555 定时器的工作原理。

（2）熟悉如何由 555 定时器构成多谐振荡器，施密特触发器和单稳态触发器，了解其工作原理。

6. 实验报告要求

（1）整理实验数据。

（2）说明在实验中出现的问题及处理的方法。

（3）回答思考题。

7. 思考题

（1）理论计算的多谐振荡器的振荡频率和实际测量的频率为什么存在一定的误差？

（2）图 3-18 中为什么 u_{o2} 输出矩形波不连续？

3.6　实验 6　A/D 与 D/A 转换器

1. 实验目的

（1）通过实验了解 A/D 与 D/A 转换器的性能和使用方法。

（2）了解 ADC0804 和 DAC0832 集成电路的性能和使用方法。

2. 实验设备和器材

（1）TDS1002 型数字示波器；

（2）THD–3 型数字逻辑实验箱；

（3）集成电路芯片：ADC0804、DAC0832、电阻、电容和集成运放等。

3. 实验内容及步骤

（1）ADC0804 转换器。ADC0804 转换器是分辨率为 8 位的逐次逼近型模数转换芯片，完成一次转换需要 100 μs。增加某些外部电路后，输入模拟电压为 0～5 V。该芯片有输出数据锁存器，当与计算机连接时，转换器的输出可以直接连接在 CPU 数据总线上，无需附加逻辑接口电路，时钟脉冲可由 CPU 提供；如果由芯片自身产生时钟，只要外接一个电阻和电容，即可产生频率为 $f = 1/1.1RC$ 的时钟脉冲。ADC0804 转换器各控制端的功能及配合关系见表 3-12。

表 3-12 ADC0804 功能表

功能	$\overline{CS}$	$\overline{WR}$	$\overline{RD}$	$\overline{INTR}$	说明
采集输入信号进行 A/D 转换	0	⎍			在 $\overline{WR}$ 上升沿后约 100 μs 转换完成
读出输出信号	0		⎍		$\overline{RD}$ =0,三态门打开,送出数字信号 $\overline{RD}$ =1,三态门处于高阻
中断请求				⌐	当 A/D 转换结束时,$\overline{INTR}$ 自动变低通知计算机取结果 在 $\overline{RD}$ 前沿后 $\overline{INTR}$ 自动变高

① 图 3-19 是 ADC0804 转换器的测试电路图,输入信号由电位器 R_p 调节,可调节至 0 V, 1 V, 2 V, 3 V, 4 V, 5 V。

② 由定时器 555 组成的振荡器产生 $\overline{WR}$ 控制端写脉冲,其余 $\overline{CS}$, $\overline{RD}$, $\overline{INTR}$ 端均接地。

③ 时钟信号由芯片内部产生,外部只需接一电阻和一电容,如图 3-19 所示。

④ 输出端 $D_0 \sim D_7$ 的状态通过发光二极管显示。测量出输入模拟电压 U_{IN+} 与转换后的二进制数字量之间的对应关系并记录在表 3-13 中。

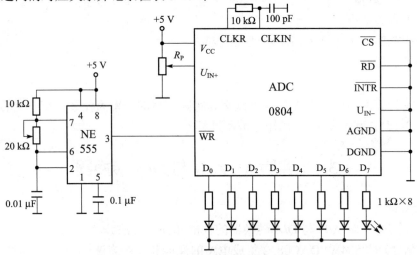

图 3-19 ADC0804 转换器的测试电路图

表 3-13 ADC0804 输入输出关系对照表

输入/V \ 输出	D_7	D_6	D_5	D_4	D_3	D_2	D_1	D_0
0								
1								
2								
3								
4								
5								

(2)DAC0832 转换器。DAC0832 是由双缓冲寄存器和 $R-2R$ 梯形 D/A 转换器组成的 CMOS 8 位 DAC 芯片，输出电平与 TTL 电平兼容。由于 DAC0832 内部有两级缓冲寄存器，所以可方便地选择三种工作方式：

直通工作方式：$\overline{WR_1}$，$\overline{WR_2}$，$\overline{XFER}$ 和 $\overline{CS}$ 接地，ILE 接高电平，即不用写信号控制，使输入数据直接进入 D/A 转换器。

单缓冲工作方式：两个寄存器之一处于直通状态，另一个寄存器处于受控状态，输入数据只经过一个寄存器缓冲控制后进入 D/A 转换器。

双缓冲工作方式：两个寄存器均处于受控状态。在这种方式下，可使 D/A 转换器输出前一个数据的同时，采集下一个数据，以提高转换速度。DAC0832 转换器各控制端的功能及配合关系见表 3-14。

表 3-14 DAC0832 功能表

功能	控制条件					说明
	$\overline{CS}$	ILE	$\overline{WR_1}$	$\overline{WR_2}$	$\overline{XFER}$	
$D_0 \sim D_7$ 输入到寄存器 I	0	1	⎍			$\overline{WR_1}$=0 时存入数据 $\overline{WR_1}$=1 锁定
数据由寄存器 I 输入到寄存器 II				⎍	0	$\overline{WR_2}$=0 时存入 $\overline{WR_2}$=1 时锁定
从输出端取模拟量						无控制信号，随时可取

① 图 3-20 是 DAC0832 转换器的测试电路图，数字量输入端 $D_7 \sim D_0$ 均置 "0"，用万用表测量输出电压 U_o 的值（对运放进行调零，使 U_o 趋于 "0"）。

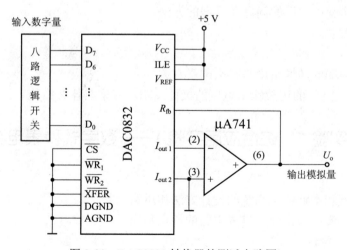

图 3-20 DAC0832 转换器的测试电路图

② 从数字量输入端的最低位 D_0 起，逐位置 "1"，对应测出模拟量输出电压 U_o 的值，并把结果记录于表 3-15 中。

表 3-15　DAC0832 转换器测试记录表

输入数字量								模拟电压 U_o	
D_7	D_6	D_5	D_4	D_3	D_2	D_1	D_0	实测值	理论值
0	0	0	0	0	0	0	0		
0	0	0	0	0	0	0	1		
0	0	0	0	0	0	1	1		
0	0	0	0	0	1	1	1		
0	0	0	0	1	1	1	1		
0	0	0	1	1	1	1	1		
0	0	1	1	1	1	1	1		
0	1	1	1	1	1	1	1		
1	1	1	1	1	1	1	1		

4. 预习要求

（1）复习 A/D 与 D/A 转换器的基本原理。

（2）了解 ADC0804 和 DAC0832 集成电路的转换性能和使用方法。

（3）将表 3-15 中的数字量与模拟量的对应关系用公式计算出来（$U_o = -V_{REF} \cdot D/2^8$，其中 D 为输入的二进制数）。

5. 实验报告要求

（1）分析实验结果，说明误差大小并分析产生误差的原因。

（2）说明在实验中出现的问题及处理的方法。

（3）回答思考题。

6. 思考题

（1）数模转换器的转换精度与什么因素有关？

（2）若使图 3-20 中的运放输出电压的极性反相，应采取什么措施？

3.7　实验 7　综合应用实验 1——数字式秒表电路设计

1. 实验目的

（1）初步了解和掌握数字系统的设计方法和思路。

（2）进一步熟悉中规模数字集成电路的特点和应用。

2. 实验设备和器材

（1）TDS1002 型数字示波器；

（2）THD-3 型数字逻辑实验箱；

（3）DF1631 型函数发生器。

（4）集成电路芯片：74LS90、74LS195、NE555、74LS02、74LS32、74LS08。

3. 实验内容及步骤

（1）设计要求和参考方案。

① 计时范围：1～10 min。

② 计时精度：0.1 s。

③ 对 0.01 s 要求进行四舍五入处理。

④ 要求用一个开关控制三种工作状态，其转换顺序如下：

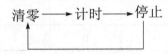

⑤ 根据设计要求，系统原理框图如图 3-21 所示。

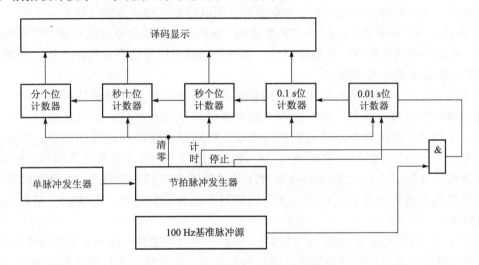

图 3-21　数字式秒表系统原理框图

（2）具体方案分析。

① 基准脉冲源。根据设计要求，脉冲源应该产生 100 Hz 信号。100 Hz 信号由 NE555 构成的多谐振荡器产生。

② 计时部分。计时器由分个位计数器、秒十位计数器、秒个位计数器、0.1 s 位计数器和 0.01 s 位计数器构成。除了 0.01 s 计数器不需显示外，其余通过显示译码器送到数码管进行显示。

计数器选用 74LS90 组成，秒个位和秒十位组成六十进制计数器，分个位和 0.1 s 位计数器为十进制计数器，均采用 8421BCD 码。为了满足系统对 0.01 s 信号四舍五入处理的要求，0.01 s 位采用 5421 编码的十进制计数器。

③ 节拍脉冲发生器。节拍脉冲发生器用以产生清零、计时和停止信号，选用移位寄存器 74LS195。74LS195 的输出 Q_0、Q_1、Q_2 分别作为计时部分的清零信号、计时信号和停止信号。74LS195 的串行输入数据由 J、K 端输入，在 CP 脉冲作用下，其状态转换情况如表 3-16 所示。（移位寄存器初始值为 "0"，初始化可以通过 RC 回路进行清零）。

表 3-16 移位寄存器状态转换表

单脉冲	Q_3^{n+1}	Q_2^{n+1}	Q_1^{n+1}	Q_0^{n+1}
1	0	0	0	1
2	0	0	1	0
3	0	1	0	0
4	1	0	0	1
5	0	0	1	0

④ 单脉冲发生器。由基本 RS 触发器构成的单脉冲发生器为节拍信号发生器提供时钟脉冲，每按动一次开关输出端就产生一个单脉冲，用以控制三种状态的转换。

⑤ 调试步骤。对于较大系统的安装和调试，应按照先局部后整体的原则，将系统划分为若干个功能块，根据信号的流向逐块调装，使各个功能模块都达到各自技术指标的要求，然后把它们连接起来进行系统调试。

安装调试的第一步通常是画出系统的装配图，即确定各器件的具体位置；第二步按照器件的引脚进行连接，通常，首先把器件的电源线和地线连接好，然后连接信号线。第三步开始进行调试。调试首先是检查连接的错误，特别是电源线和地线的错误。应该先把各个功能模块分开调试，然后再整体调试。在调试的过程中，通常发生三类错误：布线错误、器件错误和设计错误。排除错误的分析方法是"故障点跟踪测试法"：即通过对某一预知特性点的观察来确定电路是否正常。如果该信号不是预期的特性，则往前一级查找，直至找到故障源。

这个系统中分为基准脉冲源、计时部分、节拍脉冲发生器和单脉冲发生器四大功能部分。首先对四个部分分别进行安装和调试，确认各个部分工作正常，然后进行系统调试。需要注意的是应对各信号的输入端进行正确处理，一般不允许悬空。

⑥ 数字式秒表电路的参考电路如图 3-22 所示。

4. 实验预习要求

（1）熟悉参考电路各集成电路引脚图。

（2）读懂参考电路并弄清各集成电路在原理图中的作用。

5. 实验报告要求

（1）画出实验电路，简述各部分的工作原理。

（2）对实验中出现的问题进行总结和分析。

（3）总结本次试验的收获体会。

（4）如需提高秒表的计时精度时应采取什么措施。

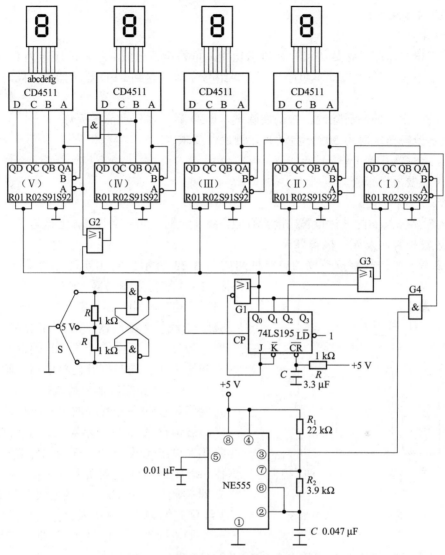

图 3-22 数字式秒表电路的参考电路

3.8 实验 8 综合应用实验 2——数字抢答器设计

1. 实验目的
(1) 综合运用电子技术课程中所学到的理论知识,独立完成实验课题。
(2) 进一步熟悉常用电子器件的类型和特性并掌握合理选用的原则。
(3) 进一步熟悉和掌握电子仪器仪表的正确使用方法。

2. 实验设备
(1) TDS1002 型数字示波器;
(2) THD-3 型数字逻辑实验箱;
(3) DF1631 型函数发生器。

3. 实验内容及步骤

（1）设计要求。

① 数字抢答器应具备数码锁存和显示功能。抢答组数分成 8 组，即序号为 0、1、2、3、4、5、6、7。优先抢答者按动本组序号开关，组号立即锁存到 LED 显示器上，同时封锁其他组号。

② 系统应设置外部清除键，按动清除键，LED 显示器自动清零灭灯。

③ 数字抢答器定时为 30 s，启动开始键后，要求：

- 30 s 定时器开始工作。
- 扬声器要短暂报警。
- 发光二极管灯亮。

④ 抢答者在 30 s 内进行抢答，抢答有效，终止定时；30 s 定时到，无抢答者本次抢答无效，系统短暂报警，发光二极管灯灭。

（2）参考方案。数字抢答器的电路框图如图 3-23 所示。它由定时电路、门控电路、8 线—3 线优先编码器、RS 锁存器、译码显示和报警电路所组成。其中定时电路、门控电路、8 线—3 线优先编码器三部分的时序配合尤为重要，当启动外部操作开关（起始键）时，定时器开始工作，同时打开门控电路，输出有效。8 线—3 线优先编码器等待数据输入，在定时时间内优先按动序号开关的组号，被选定的组号立即被锁存到 LED 显示器上。与此同时门控电路变为输出无效，8 线—3 线优先编码器禁止工作。若定时时间已到而无抢答者，则定时电路立即关闭门控电路，输出无效并封锁 8 线—3 线优先编码器，同时发出短暂报警信号。

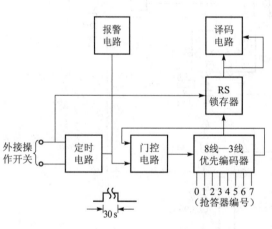

图 3-23 数字抢答器的电路框图

① 提供的主要元器件：74LS148、74LS279、74LS74、74LS10、74LS04、74LS00、NE555、3DG12 等。

② 图 3-24 和图 3-25 给出了数字抢答器及定时报警器的参考电路。

（3）设计及调试提示：将系统分成简易数字抢答器和定时报警电路两部分分别进行设计调试。

4. 实验预习要求

（1）熟悉参考电路各集成电路引脚图。

（2）读懂参考电路并弄清各集成电路在原理图中的作用。

5. 实验报告要求

（1）画出数字抢答器的电路原理图和接线图。

（2）列出实验数据和时序波形图。

（3）总结收获体会。

第 3 章 数字电子技术实验

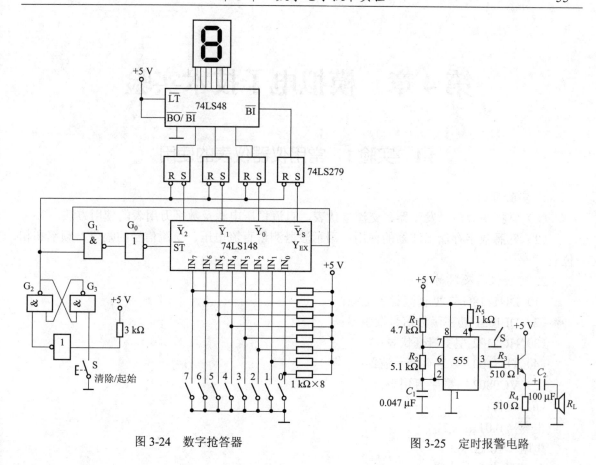

图 3-24 数字抢答器　　　　　　图 3-25 定时报警电路

第 4 章　模拟电子技术实验

4.1　实验 1　常用仪器仪表的使用

1. 实验目的

（1）掌握函数信号发生器、交流毫伏表、直流稳压电源及数字万用表的使用方法。

（2）熟悉数字存储示波器的使用，用示波器测量直流电压，交流信号的幅值、频率和相位差。

2. 实验仪器及器材

（1）DH1718G–2 型直流稳压电源；

（2）DF1631 功率函数信号发生器；

（3）HG2172 型交流毫伏表；

（4）TDS1002 数字存储示波器；

（5）VC9802A+数字万用表；

（6）器件：

电容　0.01 μF×2

电阻　10 kΩ×2

3. 实验内容和步骤

（1）认真阅读所用各仪器的使用说明，并在了解直流稳压电源、函数信号发生器、交流毫伏表、数字存储示波器各调节旋钮、各按键的功能后再进行相应仪器的操作。

（2）打开数字存储示波器，将示波器调至"DEFAULT SETUP"（默认设置）状态，此时屏幕左方显示通道 1 和通道 2 扫描的起始点 1→，2→，屏幕下方分别显示两个通道的灵敏度，即每格电压值，例如 CH1 为 500 mV，CH2 为 1 V。

打开交流毫伏表，对交流毫伏表进行零点调节。具体方法为：将输入探头的两输入端短路，量程开关置于最小位置，用调零旋钮调零。零点调准后，应立即把量程开关置于最大位置，以防输入探头的两输入端打开时由于外界干扰电压太大出现打表针的现象而损坏仪器。

（3）打开直流稳压电源，调节幅度旋钮使得直流稳压电源的输出电压为±10 V，然后分别用示波器和万用表测量输出直流电压的大小。

（4）测量 1.5 kHz，1 V（峰-峰值）的正弦信号。用示波器测量峰-峰值 $U_{\text{P-P}}$，用交流毫伏表测量有效值 U，正弦信号的有效值和峰-峰值的对应关系为 $U = U_{\text{P-P}}/2\sqrt{2}$。

① 函数信号发生器的"频率范围"选为 1 kHz 挡，旋转"频率调节"钮，使频率显示为 1.5 kHz，电压输出衰减置于 0 dB 挡，调节电压"幅度"旋钮使电压显示为 1 V，"波形选择"为正弦波。

② 用导线通过面包板把函数发生器的"电压输出"的公共端，示波器 CH1 的公共端，交流毫伏表的公共端连接在一起，并用同样的方法将上述三者的信号端也连接在一起。

③ 数字存储示波器 CH1 通道菜单应设置为：耦合→直流、带宽限制→开 20MHz、伏/格→粗调、探头→1×、反相→关闭。然后按下"AUTOSET"（自动设置）键，屏幕显示 1.5 kHz 的正弦波，并在屏幕的下方显示出波形的峰-峰值、频率及其他参数。也可以利用示波器的"MEASURE"键直接测出正弦波的峰-峰值及其他参数。

④ 交流毫伏表的量程开关由大到小调至 1 V 挡，此时对信号发生器的输出电压进行校对，交流毫伏表的读数为正弦信号的有效值。

在函数发生器、示波器、交流毫伏表三者测量的结果中，交流毫伏表的读数最为准确。

（5）测量二阶 RC 移相网络 $\dot{U}_\text{o}$ 超前 $\dot{U}_\text{i}$ 为 90°时的正弦信号的频率。

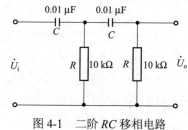

图 4-1 二阶 RC 移相电路

① 电路原理分析。二阶 RC 移相网络如图 4-1 所示。

由图中的电路可推导出，输出电压 $\dot{U}_\text{o}$ 和输入电压 $\dot{U}_\text{i}$ 之间关系的表达式为

$$\frac{\dot{U}_\text{o}}{\dot{U}_\text{i}} = \frac{\mathrm{j}R^2\omega C}{3R + \mathrm{j}[R^2\omega C - 1/(\omega C)]}$$

要使输出电压 $\dot{U}_\text{o}$ 超前输入电压 $\dot{U}_\text{i}$ 的相位为 90°，则此时的角频率 ω 必须保证上式分母的虚部为零，即

$$R^2\omega C = \frac{1}{\omega C}$$

$$\omega = \frac{1}{RC} = 2\pi f_0$$

如选

$$R = 10\ \text{k}\Omega，\quad C = 0.01\ \mu\text{F}$$

则

$$f_0 = \frac{\omega}{2\pi} = \frac{1}{2\pi RC} = 1\ 591\ \text{Hz}$$

② 测量方法。用示波器测量图形可采用下述两种方法进行：

第一种方法为用示波器的"X-Y"显示方式通过测量李沙育图形得到 f_0。将数字存储示波器"DISPLAY"键的下拉菜单置于"X-Y"显示方式，调节信号源的频率（在 1.6 kHz 左右变化），观察李沙育图形为正椭圆时的 f_0 值。"X-Y"显示方式时的李沙育图形如图 4-2（a）所示。

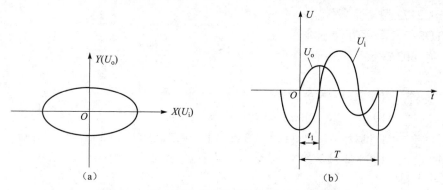

图 4-2 二阶 RC 移相电路的输入波形和输出波形
（a）"X-Y"显示方式；（b）"Y-T"显示方式

第二种方法为用示波器的"Y-T"显示方式测量相位差 $\Delta\phi=90°$ 时的 f_0 值。使函数信号发生器输出信号频率为 1.5 kHz、峰-峰值 U_{P-P} 为 5 V 的正弦波，将示波器"DISPLAY"键的下拉菜单置于"Y-T"显示方式，再用光标法即"CURSOR"键测量输出与输入正弦波之间的相位差 $\Delta\phi$。$\Delta\phi=t_1/T\times360°$，其中 T 为正弦波的周期，t_1 为两波形之间的相位差所对应的时间差，如图4-2（b）所示。改变函数信号发生器输出信号的频率，当 $\Delta\phi=90°$ 时的对应频率即为 f_0。

4．实验报告要求
（1）整理实验内容与实验数据。
（2）总结本实验（5）中测量 f_0 的方法，分析产生误差的原因。
（3）回答问题：用数字示波器和交流毫伏表测量同一正弦波的电压值时，它们的示数各表示什么含义？其关系如何？它们的读数谁更准确，为什么？
（4）实验中的收获、体会和建议。

5．实验预习要求
（1）认真阅读实验教材中数字存储示波器、直流稳压电源、函数信号发生器和交流毫伏表的使用说明部分。
（2）写出图4-1中 $\dot{U}_o/\dot{U}_i$ 表达式的推导过程。
（3）写出预习报告。

4.2　实验2　单管放大电路的研究

1．实验目的
（1）掌握静态工作点和中频电压放大倍数的测量方法。
（2）掌握放大电路输入电阻和输出电阻的测量方法。
（3）加深了解基极回路电阻的变化对静态工作点、电压放大倍数和输出电压波形的影响；了解负载电阻的变化对电压放大倍数和输出电压波形的影响。

2．实验仪器及器材
（1）DH1718G-2型直流稳压电源；
（2）DF1631功率函数信号发生器；
（3）HG2172型交流毫伏表；
（4）TDS1002数字存储示波器；
（5）VC9802A+数字万用表；
（6）器件：

晶体三极管　3DG4×1（NPN型）
电容　　　　10 μF×2、100 μF×1
电阻　　　　1.5 kΩ×1、2 kΩ×1、3 kΩ×1、4.7 kΩ×1、43 kΩ×1、51 kΩ×1
电位器　　　100 kΩ×1

3．实验电路
实验电路如图4-3所示。

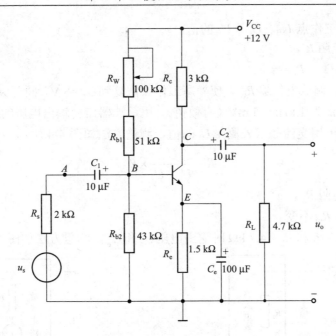

图 4-3 工作点稳定的单管放大电路

4. 实验内容和步骤

（1）按图 4-3 所示的电路图连接电路，图中 R_s、u_s、R_L 先不接入电路。

① 用数字万用表判断三极管的好坏，并测量 β 值和测量所用电阻的阻值。

② 调节直流稳压电源输出为 +12 V。

③ 调节函数信号发生器的输出信号为频率 1 kHz，峰-峰值 14.1 mV（有效值 5 mV）的正弦波（注意将 20 dB 和 40 dB 两个按钮同时按下，使其衰减为 60 dB）。

（2）单管放大电路的静态、动态性能测试。

① 调节静态工作点，测定电压放大倍数 A_u。接线检查正确无误后，方可连接电源 V_{CC} = +12 V。不接入 R_s、u_s，并将输入端 A 点对地短路，用数字万用表 DC 挡测定 C 点电压 U_C 的值，调节电位器 R_W 使得 U_C = 8 V，再测量出此时的 B、E 点电压 U_B、U_E 的值。

打开 A 点对地的短路线，接入 u_s，使 R_s = 0，R_L = ∞，输入 u_s 为 1 kHz、5 mV（有效值）的正弦信号，用示波器监视输出电压的波形，在输出电压波形不失真的条件下，用交流毫伏表测量输出电压 U'_o 的值（R_L = ∞ 时 u_o 的有效值），然后计算 $A'_u = U'_o / U_s$ 的值。

② 观察 R_L 的变化对输出电压波形及电压放大倍数 A_u 的影响。接入负载 R_L = 4.7 kΩ，其他条件不变，观察输出电压波形的变化，测量输出电压 U_o 的值，计算 $A_u = U_o / U_s$ 的值，并与 A'_u 的值进行比较。

③ 观察 R_W 的变化对输出电压波形的影响。

条件：R_s = 0，R_L = ∞。

调节 R_W 为 100 kΩ，此时基极电流最小，加入正弦信号 u_s，观察输出电压波形的变化。若输出电压波形无失真，用交流毫伏表测量输出电压 U_o 的值，并用数字万用表测量静态工作点 U_B、U_C、U_E 的值（注意在测量静态工作点时断开输入正弦信号 u_s，A 点对地短路）。

调节 R_W = 0，此时基极电流最大，加入正弦信号 u_s，观察输出电压波形是否失真，并用数字万用表测量静态工作点 U_B、U_C、U_E 的值。

④ 测定输入电阻 R_i。

条件：$R_s = 2\ \text{k}\Omega$，$R_L = \infty$。

A 点对地短路，调节电位器 R_W，使静态工作点恢复到 $U_C = 8\ \text{V}$，断开 A 点对地的短路线，调节输入正弦信号 u_s 为 1 kHz，5 mV（有效值），用示波器监视输出电压的波形，在输出电压波形无失真的情况下用交流毫伏表测量 U_i 的值，测量方法如图 4-4 所示。

计算输入电阻
$$R_i = \frac{U_i}{U_s - U_i} \times R_s$$

⑤ 测定输出电阻 R_o。

条件：$R_s = 0$，R_W 不变。

分别测量当 $R_L = \infty$ 和 $R_L = 4.7\ \text{k}\Omega$ 时输出电压 U_o' 和 U_o，测量方法如图 4-5 所示。

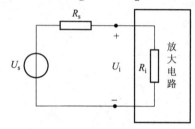

图 4-4 输入电阻的测量方法

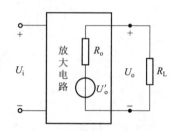

图 4-5 输出电阻的测量方法

计算输出电阻
$$R_o = \left(\frac{U_o'}{U_o} - 1\right) \times R_L$$

5. 实验报告要求

（1）整理实验内容与实验数据。

（2）分别将实验数据与理论计算结果比较，分析误差产生的原因。

① 基极回路电位器 R_W 的变化对静态工作点、输出电压波形和电压放大倍数 A_u 的影响，将结果填入表 4-1 中。

表 4-1 R_W 的变化对静态工作点、输出电压波形和电压放大倍数的影响

条件		实测数据				输出波形	计算值		
		U_B	U_C	U_E	U_o		实测 A_u	理论 A_u	相对误差 δ
R_W	合适值		8 V						
	最大								
	最小								

② 负载电阻 R_L 的变化对输出电压波形和电压放大倍数 A_u 的影响。

③ 放大电路的输入电阻 R_i 和输出电阻 R_o 的计算，误差分析。

（3）实验中的收获、体会和建议。

6. 实验预习要求

（1）复习工作点稳定单管放大电路，掌握静态工作点、动态参数的计算方法。

（2）按图 4-3 电路参数计算静态工作点 U_{BQ}、I_{CQ}、I_{BQ}、U_{CEQ}，计算动态性能指标 A_u、R_i、R_o（设 R_W 在中点，晶体管的 $\beta=100$，$r'_{bb}=100\,\Omega$）。

（3）说明 R_W 的变化对静态工作点的影响，输出电压波形可能会产生什么失真？

（4）R_e、C_e 的作用是什么？C_e 不接结果如何？

（5）写出预习报告。

4.3 实验 3 恒流源差分放大电路

1. 实验目的

（1）掌握恒流源差分放大电路的设计方法。

（2）熟悉差分放大电路静态、动态性能指标的测试方法。

2. 实验仪器及器材

（1）DH1718G-2 型直流稳压电源；

（2）DF1631 功率函数信号发生器；

（3）HG2172 型交流毫伏表；

（4）TDS1002 数字存储示波器；

（5）VC9802A+数字万用表；

（6）器件：

晶体三极管　　3DG4×3（NPN 型）

电阻　　　　　1 kΩ×2、3 kΩ×1、10 kΩ×2、13 kΩ×1，62 kΩ×1

电位器　　　　100 Ω×1

3. 实验电路

实验电路如图 4-6 所示。

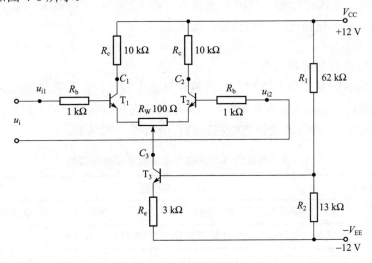

图 4-6　恒流源差分放大电路

4. 实验内容和步骤

（1）差分放大电路调零，测量静态工作点。

① 按图 4-6 所示的电路图接线，检查正确无误后，方可接通±12 V 直流电源。

② 将 u_{i1}、u_{i2} 均接地（即 $u_{i1}=u_{i2}=0$），调节调零电位器 R_W，用数字万用表的直流挡分别测量 U_{C1}、U_{C2}，并使 U_{C1} 与 U_{C2} 之差尽量小。

③ 测量 T_1、T_2、T_3 管各极对地的电压，填入表 4-2 中。

表 4-2 晶体管 T_1、T_2、T_3 各极的电位

各极电压	U_{C1}	U_{B1}	U_{E1}	U_{C2}	U_{B2}	U_{E2}	U_{C3}	U_{B3}	U_{E3}
测量值/V									

（2）测量双端输入的差模电压放大倍数。在差分放大电路的输入端 u_i 上加入 1 kHz，50 mV（有效值）的正弦信号，用示波器监视 u_{c1} 与 u_{c2} 的输出波形，在输出电压波形不失真的条件下用交流毫伏表分别测量电压 u_{c1}、u_{c2} 和 u_{c3} 的有效值，由测量数据计算出单端输出和双端输出的差模电压放大倍数 A_{d1}、A_{d2} 和 A_d。

（3）测量单端输入的差模电压放大倍数。在图 4-6 中，将 u_{i2} 端接地，组成单端输入的差分放大电路（注意：信号源的黑夹子端与差分放大电路的地点连接在一起），从 u_{i1} 端输入 1 kHz，50 mV（有效值）的正弦信号。用示波器监视 u_{c1}、u_{c2} 的输出波形，在输出电压波形不失真的条件下用交流毫伏表测量 u_{c1}、u_{c2} 和 u_{c3} 的有效值，由测量数据计算单端输入时，单端输出和双端输出的差模电压放大倍数，并与双端输入时的单端输出和双端输出的差模电压放大倍数进行比较。

（4）测量共模电压放大倍数。将差分放大电路的输入端 u_{i1} 与 u_{i2} 短接，并接到正弦信号发生器的信号输出端，信号发生器的另一端（黑夹子端）接至差分放大电路的接地点（即±12 V 的公共端），此时输入信号仍为 1 kHz，50 mV（有效值）。用上述方法分别测量共模电压 u_{c1}、u_{c2} 和 u_{c3} 的有效值，由测量数据计算出单端和双端输出的共模电压放大倍数 A_{c1}、A_{c2} 和 A_c，并进一步计算出双端输出情况下的共模抑制比 K_{CMR}。

5. 实验报告要求

（1）整理实验内容与实验数据。

（2）根据实测的静态工作点数据，与理论计算结果相比较，分析误差原因。

（3）整理单端输入、双端输入两种情况下，单端输出和双端输出的差模电压放大倍数 A_{d1}、A_{d2} 和 A_d，填入表 4-3，并与理论计算值相比较，分析得到的结果。

表 4-3 差模输入时的输出电压和电压放大倍数

测量及计算值	差模输入									
	双端输入，单/双端输出					单端输入，单/双端输出				
	测量值（有效值）			实际计算值		测量值（有效值）			实际计算值	
输入信号 u_i	U_{c1}	U_{c2}	U_{c3}	A_{d1}	A_{d2}	A_d	U_{c1}	U_{c2}	U_{c3}	A_{d1}	A_{d2}	A_d
1 kHz，50 mV												

（4）整理共模输入的测量结果记录到表 4-4 中。

表 4-4　共模输入时的输出电压和共模抑制比（K_{CMR}）

测量及计算值＼输入信号 u_i	共模输入			
	测量值（有效值）			实际计算值
	U_{C1}	U_{C2}	U_{C3}	K_{CMR}（双出）
1 kHz, 50 mV				

（5）差模输入、共模输入时，u_{c3} 有什么工作特点？
（6）比较长尾式差分放大电路和恒流源差分放大电路的性能和特点。
（7）实验中的收获、体会和建议。

6. 实验预习要求

（1）复习恒流源差分放大电路的工作原理，恒流源差分放大电路有何特点？
（2）按图 4-6 差分放大电路的参数计算静态量——U_{B1}，U_{C1}，U_{CE1}。
（3）写出单端输入双端输出和双端输入双端输出时的差模电压放大倍数 A_d、输入电阻 R_i、输出电阻 R_o 的表达式，并计算结果（晶体管的 $\beta =100$，$r'_{bb}=100\ \Omega$，下同）。
（4）写出单端输入单端输出和双端输入单端输出时的差模电压放大倍数 A_d、输入电阻 R_i、输出电阻 R_o 的表达式，并计算结果。
（5）写出共模信号输入时，单端输出的共模电压放大倍数 A_{c1} 的表达式，并计算结果。
（6）写出预习报告。

4.4　实验 4　多级放大电路和负反馈放大电路

1. 实验目的
（1）掌握多级放大电路开环和闭环两种情况下电压放大倍数、下限截止频率、上限截止频率及通频带的测量方法。
（2）加深了解负反馈对放大电路性能的影响。

2. 实验仪器及器材
（1）DH1718G-2 型直流稳压电源；
（2）DF1631 功率函数信号发生器；
（3）HG2172 型交流毫伏表；
（4）TDS1002 数字存储示波器；
（5）VC9802A+数字万用表；
（6）器件：
晶体三极管　　3DG4×2（NPN 型）
电容　　　　　100 pF×1、10 μF×3、100 μF×2
电阻　　　　　100 Ω×1、2 kΩ×4、5.1 kΩ×1、13 kΩ×1、16 kΩ×1、100 kΩ×1

电位器   1 MΩ×1

3. 实验电路

负反馈放大电路如图 4-7 所示。

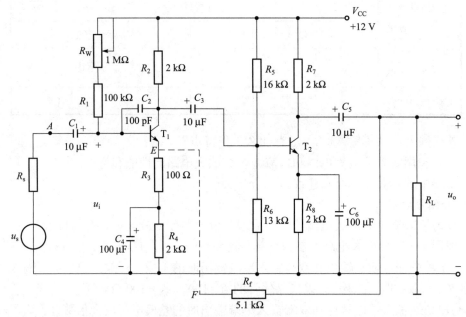

图 4-7 两级负反馈放大电路

4. 实验内容和步骤

(1) 调整和测量两级放大电路的静态工作点。

① 按图 4-7 所示的电路图连接电路，将输入端 A 点对地短路，检查接线正确无误后，方可接通电源 V_{CC}=12 V。

② 调节电位器 R_W，使晶体管 T_1 的集电极电位 U_{C1}=10 V，然后测量晶体管各极的电压，将所测量的值记入表 4-5 中。

表 4-5 晶体管 T_1 和 T_2 的各极电位

	U_{B1}	U_{C1}	U_{E1}	U_{B2}	U_{C2}	U_{E2}
测量值/V		10				

(2) 测量无反馈时，两级放大电路的电压放大倍数 A_u 和通频带 f_{BW}。

① 测量两级放大电路的开环电压放大倍数 A_u。

条件：断开 A 点对地的短路线，令 R_s=0，R_L=∞，考虑反馈支路的负载效应把 R_f 的左端 F 点接地。

在输入端 u_s 加入 1 kHz，2 mV（有效值）的正弦电压信号，用示波器监视输出电压的波形，在输出波形不失真的条件下，用交流毫伏表测量 u_o，并计算开环电压放大倍数 A_u。

② 测量两级放大电路的通频带。令 R_s=0，R_L=∞，u_s 为 2 mV（有效值）的正弦电压信号，首先测出中频 1 kHz 时的输出电压值，然后分别提高和降低信号源 u_s 的频率（注意保持 u_s 的有效值为 2 mV 不变），使输出电压下降为中频时的输出电压值的 0.707 倍，则所对应的频

率分别为上限截止频率 f_H 和下限截止频率 f_L。
计算放大电路的通频带

$$f_{BW} = f_H - f_L$$

（3）测量负反馈放大电路的 A_{uf} 和通频带 f_{BWf}。将 R_f 接成电压串联负反馈（即 F 点接 E 点），正弦信号源 u_s 变为 1 kHz，5 mV（有效值），重复实验步骤（2）的全部内容。
（4）整理实验数据并将其填入表 4-6 中。

表 4-6 两级放大电路的开环和闭环的动态指标比较

	测量值（电压为有效值）				计算值
无反馈	U_s	U_o	f_H	f_L	A_u
	2 mV				
有反馈	U_{sf}	U_{of}	f_{Hf}	f_{Lf}	A_{uf}
	5 mV				

5. 实验报告要求
（1）整理实验内容与步骤，记录实验数据。
（2）理论计算两级放大电路的开环和闭环的电压放大倍数 A_u，并与实验所得的数据进行比较，分析误差原因。
（3）用实验所测的数据说明电压串联负反馈对放大电路性能（A_u、f_H、f_L）的影响。
（4）实验中的收获、体会和建议。

6. 实验预习要求
（1）理论计算图 4-7 所示两级负反馈放大电路开环的 A_u、R_i、R_o 和闭环的 A_{uf}、R_{if}、R_{of}。
（2）指出图 4-7 所示电路的反馈类型，该反馈对输入电阻、输出电阻及通频带的影响。
（3）复习多级放大电路静态、动态性能指标的测试方法。
（4）写出预习报告。

4.5 实验 5 集成运算放大器的基本应用

1. 实验目的
（1）掌握由集成运算放大器构成比例、加法、减法、积分运算电路的设计方法。
（2）进一步掌握基本运算电路的工作特性。
（3）熟悉集成运算放大器 μA741 的使用方法。

2. 实验仪器及器材
（1）DH1718G-2 型直流稳压电源；
（2）DF1631 功率函数信号发生器；
（3）TDS1002 数字存储示波器；
（4）VC9802A+数字万用表；
（5）器件：
集成运算放大器　　μA741×1
电容　　　　　　　0.01 μF×1

电阻　　　　　　　1 kΩ×2、10 kΩ×2、15 kΩ×1、20 kΩ×1、51 kΩ×2、100 kΩ×2、1 MΩ×1

3. 实验内容和步骤

（1）比例运算。反相比例运算电路如图 4-8 所示。

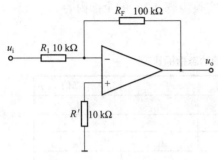

图 4-8　反相比例运算电路

① 测量电路的直流传输特性。观察电路的线性工作范围、输出失调电压和正反向最大输出电压。

电路中电源电压为±10 V。所谓直流传输特性是指电路的直流输出电压 U_O 与输入电压 U_I 的函数关系，即 $U_O = f(U_I)$。图 4-9 为输入电压 U_I 产生电路，图 4-10 为反相比例运算电路的直流传输特性的示意图。在 $U_{I1} < U_I < U_{I2}$ 时，特性为一倾斜的直线，U_O 随 U_I 线性变化，运算放大器工作于线性区，其斜率即是电路的电压增益，$U_{I1} \sim U_{I2}$ 即是线性输入范围。在 $U_I < U_{I1}$ 或 $U_I > U_{I2}$ 时，输出电压 U_O 几乎不随 U_I 的变化而变化，运算放大器进入正向或反向饱和状态，呈现限幅特性。此时运算放大器的输出电压即是正、反向最大输出电压 U_{OH} 和 U_{OL}。对于理想运算放大器，$U_I = 0$ 时 $U_O = 0$，即所谓"零输入零输出"。实际的运算放大器存在失调，$U_I = 0$ 时 $U_O \neq 0$，如图 4-10 所示。图中 $U_I = 0$ 时的输出电压即是输出失调电压 U_{OS}。

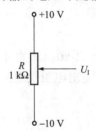

图 4-9　输入电压产生电路

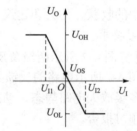

图 4-10　直流传输特性

② 按图 4-8 电路接线，电源电压为±10 V，输入电压 u_i 接函数信号发生器的电压输出端。输入电压 u_i 为 1 kHz，1 V（峰-峰值）的正弦信号。用示波器同时观察输入电压 u_i 与输出电压 u_o 的波形，记录电压 u_i 与 u_o 波形的幅值与相位关系，并与理论值进行比较，如不相符应立即查找原因。

（2）加法运算。加法运算电路如图 4-11 所示。

按图 4-11 电路接线，输入电压 u_{i1} 为 1 kHz，1 V（峰-峰值）的正弦信号。用示波器观察并记录加法运算电路的输出电压 u_o 与输入电压 u_{i1} 和 u_{i2} 的波形，记录它们的幅值和相位关系，并与理论值进行比较，如不相符应立即查找原因。

（3）减法运算。减法运算电路如图 4-12 所示。

按图 4-12 电路接线，输入电压 u_{i1} 为 1 kHz，1 V（峰-峰值）的正弦信号。用示波器观察并记

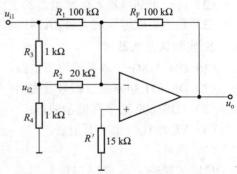

图 4-11　加法运算电路

录减法运算电路的输出电压 u_o 与输入电压 u_{i1} 和 u_{i2} 的波形，记录它们的幅值和相位关系，并与理论值进行比较，如不相符应立即查找原因。

（4）积分电路——将正弦波转换为余弦波。积分电路如图 4-13 所示。

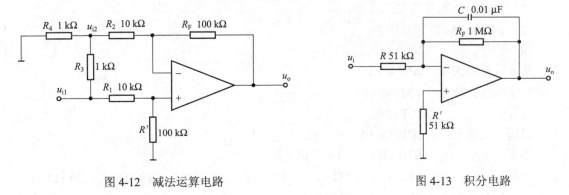

图 4-12　减法运算电路　　　　　　图 4-13　积分电路

按图 4-13 电路接线，输入信号 u_i 为 500 Hz，1 V（峰-峰值）的正弦信号。用示波器观察输出电压 u_o 与输入电压 u_i 的波形，记录它们的幅值和相位关系，并与理论值进行比较，如不相符应立即查找原因。

4. 实验报告要求

（1）整理实验内容与实验数据。

（2）整理实验结果，在输入 1 kHz，1 V（峰-峰值）的正弦信号的情况下，分别画出图 4-8、图 4-11 和图 4-12 中输出电压的波形，并标出幅值。

（3）分析图 4-13 积分电路输出和输入的波形特点。如果输入为方波，分析输出应是什么结果？说明在 0.01 μF 电容上并接 1 MΩ 电阻是起何作用？

（4）将实验数据与理论结果相比较，分析误差产生的原因。

（5）实验中的收获、体会和建议。

5. 实验预习要求

（1）复习集成运算放大器的有关知识，了解集成运算放大器线性应用的特点。

（2）理论计算图 4-8、图 4-11、图 4-12 和图 4-13 的输出值（电压的峰-峰值），设输入为正弦波，画出输出对应于输入的波形图。

（3）集成运算放大器的电源电压为 ±10 V，说明实验中正负电源应如何连接？

（4）熟悉运算放大器 μA741 的引脚分布。

（5）写出预习报告。

4.6　实验 6　波形产生与变换

1. 实验目的

（1）掌握 RC 正弦波振荡电路的设计以及电路参数的测试方法。

（2）熟悉三角波产生电路的设计及调试方法。

（3）了解集成电压比较器 LM393 的使用方法。

（4）了解迟滞电压比较器的特点及其应用。

(5) 熟悉用示波器测量电压传输特性。

2. 实验仪器及器材

（1）DH1718G-2 型直流稳压电源；
（2）TDS1002 数字存储示波器；
（3）VC9802A+数字万用表；
（4）器件：

集成运算放大器　　μA741×1
集成电压比较器　　LM393×1
二极管　　　　　　2CP10×2
稳压二极管　　　　2CW13（5.3 V）×2
电容　　　　　　　0.01 μF×1、0.022 μF×2
电阻　　　　　　　1 kΩ×1、2 kΩ×2、10 kΩ×3、15 kΩ×2、20 kΩ×1、24 kΩ×1、
　　　　　　　　　30 kΩ×1、51 kΩ×2
电位器　　　　　　5 kΩ×1

3. 实验内容和步骤

（1）正弦波产生与方波变换电路。

① 实验电路如图 4-14 所示，先安装和调试第一级 RC 正弦波振荡电路（文氏电桥振荡电路），再安装和调试迟滞电压比较器电路部分。

② RC 正弦波振荡电路的安装和调试。图 4-14 所示电路中第一级为 RC 正弦波振荡电路，其中 R_1、C_1 和 R_2、C_2 为串并联选频网络，接于运算放大器的输出端与同相输入端之间，构成正反馈，以产生正弦自激振荡。图中虚线框内部分是带有负反馈的同相放大电路，调节 R_W 可改变负反馈的反馈系数，从而调节放大电路的电压增益，使电压增益满足振荡的幅度条件。二极管 D_1 和 D_2 的作用是输出限幅，改善输出波形。

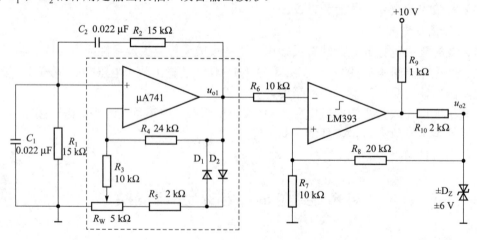

图 4-14　波形产生与变换电路

安装图 4-14 所示电路中第一级电路，检查正确无误后，接通±10 V 直流电源。用示波器的"CH1"探头观测输出电压 u_{o1} 的波形。调节电位器 R_W，使 u_{o1} 得到最大不失真的正弦波（注意该正弦波的幅值不得小于 2 V），利用示波器的"MEASURE"功能键测量其振荡频率和幅值。

③ 图 4-14 中第二级电路为迟滞电压比较器电路,安装该部分电路并将两级连通,用示波器的"CH2"探头观测输出电压 u_{o2} 的波形,记录 u_{o2} 与 u_{o1} 波形并观察它们的对应关系,测量 u_{o2} 的幅值及阈值电压 U_T 的值。

④ 按示波器的"DISPLAY"键,将其设置为"X-Y"工作方式,测量电压比较器的电压传输特性,记录图形,并记录特性曲线与 X 轴、Y 轴相交处的电压值。

(2) 三角波发生电路。

① 实验电路如图 4-15 所示,安装该电路正确无误后方可接通 ±10 V 直流电源。

② 用示波器测量输出电压 u_o' 与 u_o 的波形,记录这些波形并记录相应的幅值和频率。

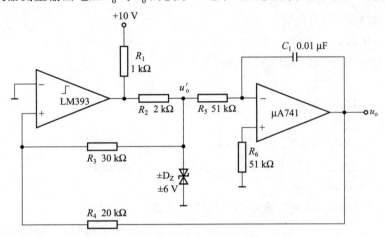

图 4-15 三角波发生电路

4. 实验报告要求

(1) 整理实验内容与步骤。

(2) 整理实验数据(频率、幅值等),并与理论值进行比较,分析误差产生的原因。

(3) 分析图 4-14 和图 4-15 电路中电压比较器的翻转条件,它们的阈值电压各为多少?分别画出它们的电压传输特性曲线。

(4) 在图 4-14 电路中,如果有正弦波输出而无矩形波输出,可能存在哪些原因?如果集成运算放大器 μA741 和集成电压比较器 LM393 位置互换是否会影响电路的正常工作?为什么?

(5) 实验中的收获、体会和建议。

5. 实验预习要求

(1) 复习 RC 正弦波振荡电路、迟滞电压比较器和三角波发生电路的工作原理。

(2) 理论计算图 4-14 电路的振荡频率,估算 u_{o1} 与 u_{o2} 的幅值。

(3) 定性画出图 4-14 电路中 u_{o2} 与 u_{o1} 的对应波形图。

(4) 求出图 4-15 电路中 u_o' 与 u_o 的关系曲线 $u_o' = f(u_o)$,即电压传输特性曲线。

(5) 定量画出图 4-15 电路中 u_o 与 u_o' 的对应波形图,标出相应的幅值和频率。

(6) 熟悉集成运算放大器 μA741 和电压比较器 LM393 的引脚分布。

(7) 写出预习报告。

4.7 实验 7 整流、滤波和稳压管稳压电路

1. 实验目的
（1）掌握桥式整流电路以及电容滤波的工作原理。
（2）熟悉稳压管稳压电路的组成及性能指标的测试。
（3）了解单相半波、全波整流电路性能及测试方法。

2. 实验仪器及器材
（1）TDS1002 数字存储示波器；
（2）VC9802A+数字万用表；
（3）自耦调压器；
（4）电源变压器～220 V/±12 V，5 W；
（5）器件：

二极管　　　　1N4002×4
稳压二极管　　2CW13（5.3 V）×1
电容　　　　　1 000 μF×1、100 μF×1
电阻　　　　　150 Ω×1、390 Ω×1、430 Ω×1、620 Ω×1

3. 实验内容和步骤
（1）测量单相全波和桥式整流电路带纯电阻负载时的基本参数。

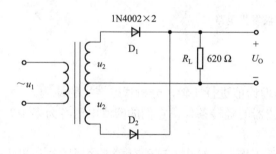

图 4-16　全波整流电路

① 单相全波整流电路的参数测试。实验电路如图 4-16 所示。

按图 4-16 所示的电路接线，检查正确无误后方可接通交流电源，如有异常情况应立即拔掉交流电源插头。用数字万用表的交流电压挡测量 u_2（读数为有效值），再用直流电压挡测量输出电压 U_O 的平均值 $U_{O(AV)}$。用示波器的"直流耦合"方式观测整流电路输出电压的波形和幅值大小，将测试结果填入表 4-7 中。

② 桥式整流电路的参数测试。实验电路如图 4-17 所示。用①中同样的方法测量 u_2 和 $U_{O(AV)}$，用示波器观察输出电压的波形和幅值大小，并将测量结果记录到表 4-7 中。

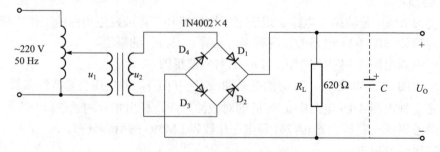

图 4-17　桥式整流、滤波电路

（2）在桥式整流电路的输出端分别接入 100 μF 和 1 000 μF 的滤波电容，再按表 4-7 的内容进行测试，将测量结果记录到表 4-7 中，并与未接入电容前进行比较。

注意：测量 u_o 的波形时应将示波器的耦合方式置"AC"位置，方可测得输出纹波电压 $\tilde{U}_O$ 的值。

表 4-7 整流电路的参数测试表

类型		u_2（有效值）	$U_{O(AV)}$	U_o 波形	$U_{O(AV)}/u_2$	
					实验值	理论值
整流 $R_L = 620\ \Omega$	全波					
	桥式					
滤波	$C = 100\ \mu F$					
	$C = 1\ 000\ \mu F$					

（3）硅稳压管稳压电路的性能测试。实验电路如图 4-18 所示。

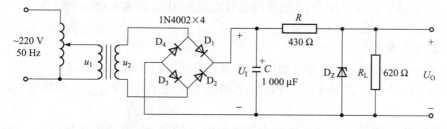

图 4-18 硅稳压管稳压电路

① 按图 4-18 所示电路接线，调节自耦调压器使 u_1 的有效值为 220 V，用数字万用表的交流电压挡测量 u_2（有效值），并用直流电压挡测量相应的 U_I 和 U_O 的值，用示波器的两个探头分别观察 U_I 和 U_O 的纹波电压的大小。

注意：示波器的耦合方式置"AC"位置。

② 测量稳压电路的负载特性。令 u_1 等于 220 V，改变负载电阻 R_L，使 R_L 分别为 620 Ω、390 Ω 和 150 Ω，用数字万用表的直流电压挡分别测量 U_I 和 U_O 的值，记录在表 4-8 中。

表 4-8 稳压电路的负载特性

负载电阻 R_L/Ω	620	390	150
U_I/V			
U_O/V			
$I_O = (U_O/R_L)/mA$			

③ 测稳压系数 S_r。令 $R_L = 620\ \Omega$，调节自耦调压器，模拟电网电压波动±10%，即分别使得 u_1 的有效值为 198 V 和 242 V。测量相应的 U_I 和 U_O 的值，记录在表 4-9 中。

稳压系数 $\qquad S_r = \dfrac{\Delta U_O}{U_O} \bigg/ \dfrac{\Delta U_I}{U_I}\bigg|_{R_L = 620\,\Omega}$

表 4-9 稳压系数测试表

u_1（有效值）/V	198	220	242
U_I/V			
U_O/V			
S_r			

4．实验报告要求
（1）整理实验结果和实验数据。
（2）将实验结果与理论值相比较，分析误差产生的原因。
（3）总结实验中整流电路的性能特点、电容滤波的作用及滤波电容的大小对输出电压 $U_{O(AV)}$ 和纹波的影响。
（4）说明稳压管稳压电路中，R 的作用是什么？$R=0$ 或 R 太大稳压电路会出现什么问题？
（5）实验中的收获、体会和建议。
5．实验预习要求
（1）说明在直流稳压电源中，整流、滤波、稳压电路各起什么作用？
（2）估算图 4-16、图 4-17 三种情况下输出电压的平均值 $U_{O(AV)}$，画出它们输出端的波形图。
（3）说明图 4-18 稳压管稳压电路中限流电阻 R 的作用，R 值的选择原则是什么？
（4）写出预习报告。

4.8　实验 8　集成稳压器的应用

1．实验目的
（1）掌握集成稳压器 W7800 和 W7900 系列器件的使用方法和性能测试方法。
（2）熟悉三端集成稳压器电压扩展、电压可调、电流扩展的应用电路设计。
2．实验仪器及器材
（1）TDS1002 数字存储示波器；
（2）VC9802A+ 数字万用表；
（3）自耦调压器；
（4）电源变压器～220 V/±9 V，5 W；
（5）器件：
集成稳压器　　W7805×1、W7905×1
二极管　　　　1N4002×6
稳压二极管　　2CW13（5.3 V）×1
电容　　　　　0.1 μF×1、0.47 μF×1、470 μF×2、1 000 μF×2

电阻   200 Ω/1 W×1、1 kΩ/1 W×1
电位器   100 Ω/1 W×1

3. 实验内容和步骤

（1）测试 W7805 集成稳压电路的主要技术指标。

① 按图 4-19 所示电路图接线，检查电路正确无误后，方可接通交流 220 V 电源。

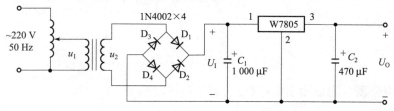

图 4-19　固定输出稳压电路

② 调节自耦调压器使 u_1 为 220 V，用数字万用表的直流挡测量 W7805 的输入电压 U_I 和输出电压 U_O（此时为空载电压，记为 U_I' 和 U_O'）。

③ 输出端接负载电阻 $R_L=51\ \Omega$，测量输入电压 U_I 和输出电压 U_O，并与空载时的 U_I' 和 U_O' 相比较。

④ 测试稳压电路的稳压系数 S_r。保持 $R_L=51\ \Omega$ 不变，将交流输入电压 u_1 分别调至 198 V 和 242 V，分别测出 W7805 的输入电压 U_I 和输出电压 U_O。

计算稳压系数 $$S_r = \left.\frac{\Delta U_O}{U_O} \middle/ \frac{\Delta U_I}{U_I}\right|_{R_L=51\ \Omega}$$

⑤ 用示波器测量 W7805 输入端和输出端的最大纹波电压 $\tilde{U}_O$ 的值。

注意：此时仍接入负载电阻 $R_L=51\ \Omega$，示波器用"交流"耦合方式。

（2）扩展集成稳压器 W7805 的输出电压。

① 按图 4-20 所示电压扩展电路接线（该电路只画出了稳压部分，略去的整流电路可参照图 4-19 中的相应部分）。

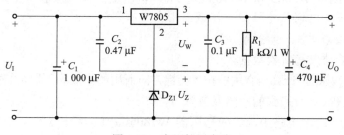

图 4-20　电压扩展电路

② 测量直流电压 U_W 和 U_Z，验证输出电压 $U_O = U_W + U_Z$。其中：U_W 为 W7805 的固定输出电压值；U_Z 为稳压管的稳定电压。

（3）输出电压连续可调的直流稳压电源。

① 按图 4-21 所示输出电压可调的稳压电路接线（该电路也只画出了稳压部分，略去的整流电路也可参照图 4-19 中的相应部分）。

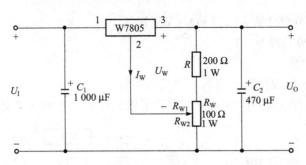

图 4-21 输出电压可调的稳压电路

② 调节电位器,测量输出电压 U_O 的调节范围,验证

$$U_O = U_W \times \left(1 + \frac{R_{W2}}{R_{W1} + R}\right) + I_W \times R_{W2}$$

(4) 正负电压同时输出的直流稳压电源。

① 按图 4-22 所示电路接线,用 W7805 和 W7905 组成正负电压同时输出的稳压电源。

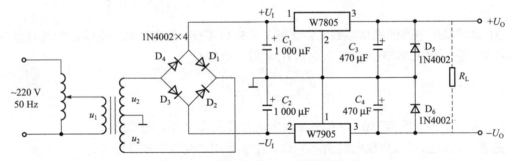

图 4-22 正负电压同时输出的稳压电源

② 调节自耦调压器使 u_1 为 220 V,测量直流电压 $+U_I$、$-U_I$ 和 $+U_O$、$-U_O$ 的值。
③ 用示波器测量 W7805 和 W7905 输入端和输出端的最大纹波电压。
注意:此时接入负载 $R_L = 51\ \Omega$,示波器用"交流"耦合方式。

4. 实验报告要求

(1) 整理实验结果和实验数据。
(2) 根据实验数据,计算出有关的技术指标,对所用的集成稳压器及其应用电路作出评价。
(3) 总结在调试中所遇到的故障及排除方法。
(4) 在图 4-21 所示电路中,集成稳压器 W7805 既作为稳压器件,又为电路提供基准电压,该电路有何缺点?在实用电路中应如何克服?
(5) 画出集成稳压器 W7805 输出电流的扩展电路。
(6) 实验中的收获、体会和建议。

5. 实验预习要求

(1) 了解集成稳压器 W7805、W7905 的工作原理、使用方法及引脚分配。
(2) 计算图 4-20、图 4-21 的输出电压范围。
(3) 写出预习报告。

4.9 实验9 集成功率放大电路的应用

1. 实验目的

（1）掌握集成功率放大器 LA4100 的应用方法和性能指标的测量方法。

（2）熟悉功率放大电路最大输出功率的测量方法，加深对输出功率计算方法的理解。

（3）了解由集成功率放大器组成的自倒相 BTL 功率放大电路的工作原理、调试方法和指标测试方法。

2. 实验仪器及器材

（1）DH1718G-2 型直流稳压电源；

（2）DF1631 功率函数信号发生器；

（3）HG2172 型交流毫伏表；

（4）TDS1002 数字存储示波器；

（5）VC9802A+数字万用表；

（6）器件：

集成功放　　LA4100×2

电容　　　　50 pF×2、560 pF×2、0.15 μF×2、4.7 μF×2、33 μF×2、
　　　　　　100 μF×2、220 μF×4、470 μF×2

电阻　　　　10 Ω×1、100 Ω×1、200 Ω×1、1 kΩ×2

扬声器　　　8 Ω×1

3. 集成功率放大器 LA4100 简介

（1）内部电路。集成功率放大器 LA4100 的内部电路如图 4-23 所示。

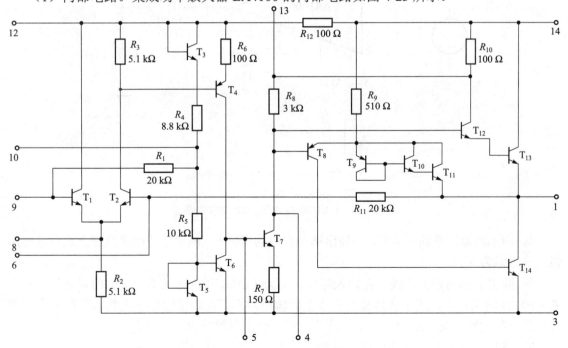

图 4-23　LA4100 的内部电路图

（2）工作原理。集成功率放大器 LA4100 由输入级、中间级和输出级三部分组成。其中 T_1、T_2 为差动输入级。T_3、R_4、R_5 及 T_5 组成分压网络，一方面为 T_1 提供静态偏置电压，另一方面为 T_5、T_6 组成的镜像电流源提供参考电流。T_4、T_7 为两级电压放大电路，具有较高的电压增益。T_8、T_{14} 组成的 PNP 型复合管与 T_{12}、T_{13} 组成的 NPN 型复合管共同构成互补对称推挽输出电路。R_9、T_9、T_{10} 及 T_{11} 为电平偏置电路，为互补输出管提供合适的静态偏置，以消除交越失真。R_{11} 为反馈电阻，它将输出信号反馈至 T_2 的基极，构成深度交、直流负反馈。此集成功率放大器可以采用单电源供电方式接成 OTL 功放电路形式，也可以采用正负双电源供电方式接成 OCL 功放电路形式。

4. 实验内容和步骤

（1）OTL 集成功放电路的调试和指标的测量。图 4-24 是由 LA4100 组成的 OTL 功放电路。其中：C_2、C_3 的作用是滤除纹波，C_5 是自举电容，使复合管 T_{12}、T_{13} 的导通电流不随输出电压的升高而减小。C_6 是电源退耦滤波，可消除低频自激。R_f、C_8 与内部电阻 R_{11} 组成交流负反馈支路，控制电路的闭环电压增益，即 $A_{uf} \approx 1 + R_{11}/R_f$，改变 R_f 可调整电压增益。C_9 为反馈电容，消除自激振荡。C_{10} 为相位补偿，C_{10} 减小，频带增加，可消除高频自激。

① 按图 4-24 电路图接线，将输入端 A 点接地（即不接入交流信号源 u_s），令 $R_f = 100\ \Omega$，检查电路正确无误后方可接通电源 $V_{CC} = +6\ V$。

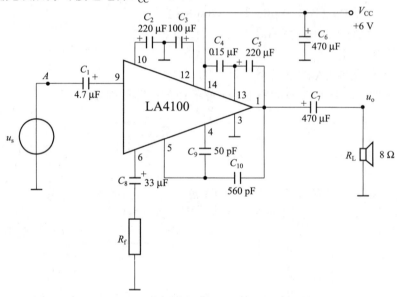

图 4-24　LA4100 组成的 OTL 功放电路

② 用示波器监视输出波形，在输出端无自激的情况下，测量功放电路负载上的直流电压值（应近似为 0 V）。

③ 除去 A 点对地的连线，在输入端加入 u_s 为 1 kHz，10 mV（有效值）的正弦信号，在 $R_f = 100\ \Omega$ 的条件下，用示波器监视负载上的输出波形，在输出波形不失真的情况下，用交流毫伏表测量输出电压 u_o 的有效值，计算这时负载上得到的输出功率 P_o。

④ 将反馈电阻 R_f 改为 200 Ω，其他条件不变，用同样的方法测量输出电压，并计算输出功率。

（2）自倒相 BTL 集成功放电路的测试。图 4-25 是由两片集成功放 LA4100 组成的自倒相 BTL 功放电路。输入信号 u_s 经 LA4100（1）放大后，获得同相输出电压 u_{o1}，其电压增益 $A_{uf1} \approx R_1 / R_{f1}$（40 dB）经外部电阻 R_1、R_{f2} 组成的衰减网络加到 LA4100（2）的反相输入端，衰减量为 -40 dB，这样两个功放的输入信号大小相等、方向相同。如果使 LA4100（2）的电压增益 $A_{uf2} = A_{uf1}$，则两个功放的输出电压 u_{o2} 和 u_{o1} 大小相等、方向相反，因而 R_L 两端的电压 $u_L = 2u_{o1}$，输出功率由于接成 BTL 电路形式后，输出功率比 OTL 形式要增加 4 倍，实际上获得的输出功率只有 OTL 形式的 2～3 倍。

① 按图 4-25 所示的电路图接线，将输入端 A 点接地，检查电路正确无误后方可接通电源 $V_{CC} = +6$ V。

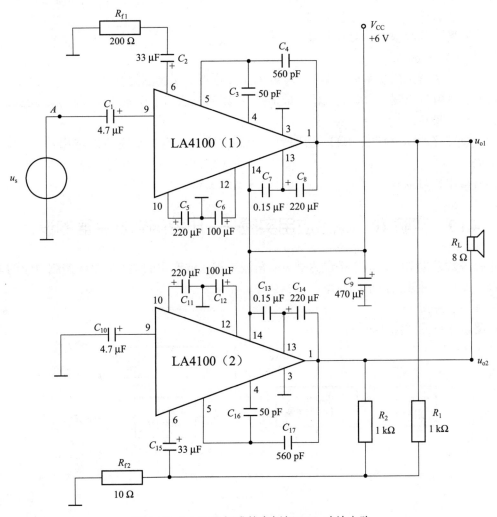

图 4-25　LA4100 组成的自倒相 BTL 功放电路

② 用示波器监视输出波形，在输出端无自激的情况下，测量 BTL 功放电路负载上的直流电压值（应近似为 0 V）。

③ 除去 A 点对地的连线，在输入端加入 u_s 为 1 kHz，10 mV（有效值）的正弦信号，用示波器监视功放输出 u_{o1} 和 u_{o2} 的波形，在输出波形不失真的前提下，用交流毫伏表分别测量 u_{o1} 和 u_{o2} 的有效值，计算这时负载上得到的输出功率 P_o。

5. 实验报告要求

（1）整理实验结果和实验数据，分析误差产生的原因。

（2）说明图 4-24 功放电路中外接元件的作用，分别计算 $R_f=100\ \Omega$ 和 $R_f=200\ \Omega$ 时该电路的电压放大倍数，当 u_s 为 10 mV（有效值）时输出电压为多少？

（3）计算图 4-24 功放电路的最大输出功率。

（4）用实验数据说明在 u_s 为 10 mV（有效值）情况下，BTL 电路的输出电压近似为 OTL 电路的输出电压的两倍，输出功率近似为 4 倍。

（5）在图 4-25 所示的电路中，如果将负载电阻 R_L 的任何一端与地线相短接，将会出现什么现象，并解释出现该现象的原因。

（6）实验中的收获、体会和建议。

6. 实验预习要求

（1）深入了解集成功率放大器 LA4100 的工作原理及引脚图的含义。

（2）了解用两个集成功率放大器组成 BTL 电路的方法和工作原理，两个集成功放各输出端的电压有何特点。

（3）复习 OCL、OTL、BTL 功率放大电路，它们各有什么特点？输出功率、效率如何计算？

（4）写出预习报告。

4.10　实验 10　综合应用实验——压控函数发生器的设计

压控函数发生器是由电压控制方波、三角波和正弦波产生的电路，改变控制电压的大小，就可以改变这三种输出波形的频率。

1. 电路组成框图

电路组成框图如图 4-26 所示。

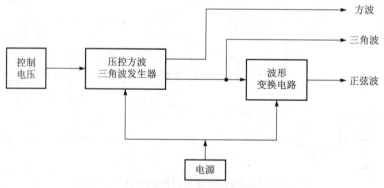

图 4-26　压控函数发生器方框图

2. 压控方波——三角波发生电路及工作原理

压控方波——三角波发生电路如图4-27所示。

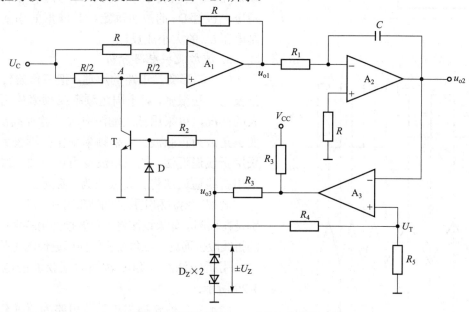

图4-27 压控方波——三角波发生器电路

由图4-27可以看出，该电路由集成运算放大器A_1、A_2、A_3和晶体三极管T、二极管D、稳压二极管D_Z及若干电阻组成。其中集成运算放大器A_1的输出电压u_{o1}的正值或负值由晶体三极管T的工作状态所确定，当T饱和导通时A点相当于接地，由A_1组成反相比例放大电路，其输出电压$u_{o1}=-U_C$；当T截止时，A_1组成比例求和电路，此时输出电压$u_{o1}=U_C$。只要晶体三极管T饱和导通和截止的时间相等，其输出电压u_{o1}将为方波，其幅值与U_C相等。集成运算放大器A_2、电容C、电阻R_1和电阻R组成积分电路，其输出电压u_{o2}为三角波，三角波上升和下降的斜率与输入电压u_{o1}的幅值成正比，所以输出电压u_{o2}的表达式为

$$u_{o2}=-\frac{1}{R_1C}\int u_{o1}\mathrm{d}t=-\frac{u_{o1}}{R_1C}t$$

集成运算放大器A_3、电阻R_3、电阻R_4、电阻R_5和稳压二极管D_Z组成滞回电压比较电路，其输出正负电压的时间由三角波u_{o2}下降或上升到达阈值电压U_T的时间所决定。

图4-28给出了u_{o1}、u_{o2}、u_{o3}与控制电压U_C关系的波形图。

由图4-28可以看出，当$u_{o1}=-U_C$时，积分器输出u_{o2}由$-U_T$上升到$+U_T$所需的时间为$T/2$，所以

$$2U_T=\frac{-(-U_C)}{R_1C}\times\frac{T}{2}$$

$$T=\frac{4U_TR_1C}{U_C}$$

其中

$$U_T=\frac{R_5}{R_4+R_5}U_Z$$

由图 4-28 的波形图和以上的分析可知,三角波 u_{o2} 的幅值取决于 U_T 的大小,方波 u_{o3} 的幅值由稳压二极管 D_Z 的值所确定,其波形的周期 T 与控制电压 U_C 的大小成反比。

3. 波形变换电路分析

(1) 波形变换电路的原理。把三角波转换为正弦波的方法很多,对于固定频率或频率变化范围不大的情况,可采用低通滤波方式,滤掉高次谐波,变三角波为正弦波。如果频率变化范围较大,一般采用折线逼近法,把三角波变为正弦波。这里我们采用折线逼近法将三角波变为正弦波。

观察三角波和正弦波的波形可知,两者最大的差别是在顶部,如果设法将三角波顶部用斜率逐渐减小的折线段去逼近,三角波将转换成近似的正弦波。

用折线法将三角波转换为正弦波的电路如图 4-29 所示。

(2) 三角波转换为正弦波电路的原理分析。在图 4-29 所示的电路中,由±5 V 电源和 T_1、T_2 提供给 a、b、c 及 a'、b'、c' 各点不同的基准电压。当三角波输入信号为零时,各二极管因反向偏置不导通,所以输入为零,输出也为零;当输入三角波电压为正半波并逐渐上升到不同值时,D_1、D_3、D_5 顺序导通,接通不同阻值的电阻,输出波形 u_o 的上升斜率依次减小;当三角波 u_i 下降时,D_5、D_3、

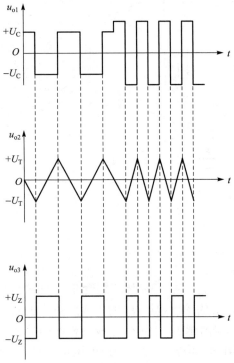

图 4-28 u_{O1}、u_{O2}、u_{O3} 与 U_C 关系的波形图

D_1 顺序截止,则 u_o 的下降斜率依次加大,于是,输出波形 u_o 近似为正弦波。

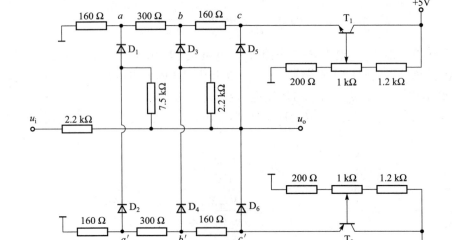

图 4-29 三角波转换为正弦波电路

T_1、D_1、D_3、D_5 组成正半波逼近电路，T_2、D_2、D_4、D_6 组成负半波逼近电路。$D_1 \sim D_6$ 均为锗管，设其导通电压 $U_{on} \approx 0.3$ V。

下面重点分析正半波逼近电路。设 1 kΩ 电位器的滑动端在中间位置，T_1 的基极电位 U_B 和 c、b、a 各点基准电压分别为

$$U_B = \frac{5 \times 0.7}{0.2 + 1 + 1.2} \approx 1.46 \text{ V}$$

$$U_c = U_B - 0.7 \approx 0.76 \text{ V}$$

$$U_b = \frac{0.300 + 0.160}{0.160 + 0.300 + 0.160} \times 0.76 \approx 0.56 \text{ V}$$

$$U_a = \frac{0.160}{0.160 + 0.300 + 0.160} \times 0.76 \approx 0.2 \text{ V}$$

考虑到二极管死区电压的影响，当 u_i 上升到 0.5 V 时，D_1 导通，此时 u_o 与 u_i 的关系用弥尔曼定理列方程

$$u_o = \frac{\dfrac{u_i}{2.2} + \dfrac{0.5}{7.5}}{\dfrac{1}{2.2} + \dfrac{1}{7.5}}$$

解得 $\qquad u_o = 0.77 u_i + 0.113$

式中 u_i——来自集成运算放大器 A_2 输出的三角波 u_{o2}。

当 u_i 上升，使 D_3 刚好导通，此时 $u_o = U_b + U_{on}$ 为 0.86 V 时，由上式解得 $u_i = 0.97$ V，当 D_1、D_3 导通时，可列方程

$$u_o = \frac{\dfrac{u_i}{2.2} + \dfrac{0.5}{7.5} + \dfrac{0.86}{2.2}}{\dfrac{1}{2.2} + \dfrac{1}{7.5} + \dfrac{1}{2.2}}$$

解得 $\qquad u_o = 0.44 u_i + 0.44$

当 u_i 上升，使 D_5 刚好导通，此时 $u_o = U_c + U_{on}$ 为 1.06 V 时，由上式解得 $u_i = 1.41$ V。当 $u_i \geqslant 1.41$ V 后，u_o 为 1.06 V 不变，与输入信号无关，u_o 输出波形平顶。

当 u_i 下降时，输入电压 u_i 与输出电压 u_o 的关系与上述类似，这里不再赘述。

综上所述，在三角波的 $T/4$ 间隙时间内，输出波形出现三个拐点，分别为 $u_i \leqslant 0.5$ V 时，$u_o = u_i$；$u_i = 0.97$ V 时，$u_o = 0.86$ V；$u_i \geqslant 1.41$ V 时，$u_o = 1.06$ V。由此得到 u_o 与 u_i 波形的对应关系如图 4-30 所示。

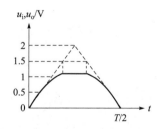

图 4-30 u_o 与 u_i 的波形图

4. 设计举例

（1）技术指标：

输出三种波形的频率由 2～10 kHz 连续变化。

输出方波最大幅度 ±6 V。

输出三角波最大幅度 ±4 V。

输出正弦波最大峰值电压 ≥2 V。

（提供集成运算放大器 μA741 和 ±10 V 直流电源）。

（2）压控方波——三角波发生器参数设计。选择压控方波——三角波发生器电路如图 4-27 所示。

首先，由频率指标确定控制电压 U_C 和 R_1 的值。

由工作原理可知

$$f = \frac{U_C}{4R_1 C U_T}$$

其中

$$U_T = U_{\Delta m} = 4 \text{ V}$$

由最高工作频率 10 kHz 来确定 R_1。

由于集成运算放大器在 ±10 V 直流电源下工作，所以最大的输出电压小于 10 V，因此最大的控制电压 U_{Cmax} 选为 8 V。积分电容不易选择过大，因容量大的电容一般漏电也大，容易产生积分误差，所以我们选择积分电容 C 为 5 100 pF。

因此，在 $C = 5\ 100$ pF，$U_{Cmax} = 8$ V，$f_{max} = 10$ kHz 的情况下，R_1 可由公式计算得到

$$R_1 = \frac{U_{Cmax}}{4 f_{max} C U_T} = \frac{8}{4 \times 10^4 \times 51 \times 10^{-10} \times 4} \approx 10 \text{ k}\Omega$$

其次，计算最低频率 2 kHz 所需的控制电压 U_{Cmin}

$$U_{Cmin} = 4 R_1 C f_{min} U_T = 4 \times 10^4 \times 51 \times 10^{-10} \times 2 \times 10^3 \times 4 \approx 1.6 \text{ V}$$

所以，频率 f 在 2～10 kHz，选择：电容 $C = 5\ 100$ pF，$R_1 = 10$ kΩ，控制电压 U_C 为 1.6～8 V。

最后，讨论控制电压产生电路的参数计算。

为保证控制电压 U_C 变化时，不影响压控方波——三角波发生电路，所以选择输入电阻大，输出电阻小的电压跟随器，如图 4-31 所示。

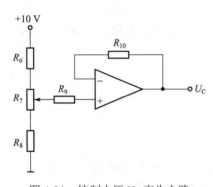

图 4-31 控制电压 U_C 产生电路

由图 4-31 控制电压产生电路可得

$$U_{Cmax} = 10 \times \frac{R_7 + R_8}{R_6 + R_7 + R_8} = 8 \text{ V}$$

$$U_{Cmin} = 10 \times \frac{R_8}{R_6 + R_7 + R_8} = 1.6 \text{ V}$$

$$\frac{U_{Cmax}}{U_{Cmin}} = \frac{R_7 + R_8}{R_8} = \frac{8}{1.6} = 5$$

$$R_7 = 4 R_8 \quad （选 R_7 为 22 \text{ kΩ} 的电位器）$$

$$R_8 = \frac{R_7}{4} = \frac{22}{4} = 5.5 \text{ kΩ} \quad （选 R_8 为 5.1 \text{ kΩ}）$$

把 $R_7 = 22$ kΩ，$R_8 = 5.1$ kΩ 代入最上式，解得

$$R_6 = 6.8 \text{ kΩ}$$

R_9、R_{10} 的选择原则为：$R_o \ll R_9 \ll R_i$

其中 R_o——集成运算放大器的输出电阻，对于 μA741 为 1 kΩ；

R_i——集成运算放大器的输入电阻,对于 μA741 为 2 MΩ。

因此可选 $R_9 = R_{10} = 10$ kΩ。

(3) 由方波——三角波幅值选择稳压管和电阻值。

首先,选择 D_Z 和 R_3。

因方波输出幅值 $U_{O3} = \pm 6$ V $= \pm(U_Z + 0.7)$ V,所以应选 5.3 V 的稳压管,R_3 为稳压管的限流电阻,它应满足

$$I_{Zmin} \leqslant \frac{(U_3')_M - U_{O3}}{R_3} < I_{OM}$$

即

$$\frac{(U_3')_M - U_{O3}}{I_{OM}} < R_3 \leqslant \frac{(U_3')_M - U_{O3}}{I_{Zmin}}$$

其中 $(U_3')_M$——运放最大输出电压,在 ±10 V 电源下,$(U_3')_M \approx \pm 8$ V;

$U_{O3} = \pm 6$ V;

I_{OM}——运放最大输出电流,约 10 mA;

I_{Zmin}——最小稳压电流,选 1 mA。

根据上述公式

$$\frac{8-6}{10} < R_3 \leqslant \frac{8-6}{1}$$

解得

$$0.2 < R_3 \leqslant 2$$

选 $R_3 = 1$ kΩ。

其次,确定 R_4、R_5 的值。

因为 $U_{O3} = \pm 6$ V,三角波幅值为 $U_T = \pm 4$ V

由滞回比较器电路可得 $U_T = U_{O3} \dfrac{R_5}{R_4 + R_5}$

因此

$$\frac{R_5}{R_4 + R_5} = \frac{U_T}{U_{O3}} = \frac{4}{6} = \frac{2}{3}$$

$R_5 = 2R_4$,选 $R_4 = 15$ kΩ,$R_5 = 30$ kΩ。

最后,确定晶体管基极电阻 R_2 的值。

R_2 的选择要保证三极管的可靠饱和。

饱和条件:$I_B \geqslant I_{BS}$,即

$$\frac{U_{O3} - U_{BE}}{R_2} \geqslant \frac{U_{Cmax} - U_{CES}}{\beta \cdot (R/2)}$$

则

$$R_2 \leqslant \frac{U_{O3} - U_{BE}}{U_{Cmax} - U_{CES}} \cdot \frac{R}{2} \cdot \beta$$

其中 $R = 30$ kΩ, $\beta = 50$

$$R_2 \leqslant \frac{6-0.7}{8-0.3} \times \frac{30}{2} \times 50$$

解得

$$R_2 \leqslant 516 \text{ k}\Omega$$

选 $R_2 = 300 \text{ k}\Omega$。

(4) 波形变换电路的设计。波形变换电路采用图 4-29 所示电路。

技术指标要求输出正弦波最大峰值电压≥2 V，而三角波最大幅度±4 V，所以只要将基准电压 a、b、c 三点电位提高，即可达到指标要求。

提升 a、b、c 三点电位最简单的方法是将±5 V 电源提至±10 V，其他电阻参数不变，就可实现正弦波峰值的要求。

计算分析方法参照前面三角波转换为正弦波电路的分析。

在±10 V 电源的作用下，变换电路在三角波 $T/4$ 时间内，输出波形出现的三个拐点分别为 $u_i \leqslant 0.9 \text{ V}$ 时，$u_o = u_i$；$u_i = 2.2 \text{ V}$ 时，$u_o = 1.9 \text{ V}$；$u_i \geqslant 3.55 \text{ V}$ 时，$u_o = 2.5 \text{ V}$。

详细的分析和计算过程，请同学们自己进行。

5. 课题和要求

(1) 题目：压控函数发生器。

(2) 技术指标：

输出三种波形的频率在 50 Hz～1 kHz；

方波的输出幅度为±6 V；

三角波输出幅度为±4 V；

正弦波输出峰值大于 2 V。

(3) 器件：

集成运算放大器　　μA741×3

集成电压比较器　　LM393×1

二极管　　　　　　2AP×7

稳压二极管　　　　2CW13（5.3 V）×2

晶体三极管　　　　3DG4×2（NPN 型）、3CG4×1（PNP 型）

电容　　　　　　　0.033 μF×1

电位器　　　　　　25 kΩ×1、1 kΩ×2

电阻自行设计（注意应取标称值）

$V_{CC} = \pm 10 \text{ V}$

6. 安装与调试

电路安装时要注意，各元器件在面包板上的布局要合理，使元器件之间的连线尽可能短，特别是信号的传递通道要取捷径，并且远离强干扰源。信号线、正负电源线和地线要选择不同颜色的导线，这样有利于在调试和检查故障时识别。

安装完毕后，对照原理图仔细检查，特别是对能直接损坏集成组件的故障隐患作重点检查。例如各信号的输入、输出端是否对地短路，正、负电源是否与组件的电源引脚相对应等。

检查正确无误后方可通电调试，调试步骤如下：

(1) 定性观察 u_{o1}、u_{o2}、u_{o3} 各输出波形是否与设计要求的相对应。当输入控制信号 U_C 增大时，观察 u_{o2} 输出的三角波频率是否相应地提高。

（2）测试方波、三角波和正弦波的输出幅度是否满足技术指标要求，如不满足，可根据工作原理分析影响各波形输出幅度的原因。

例如：稳压管的击穿电压 U_Z 对方波和三角波的输出幅度都有关系，首先调整 U_Z 以满足方波输出幅度的要求，然后调整 R_4、R_5 的比例关系，以满足三角波输出幅度的要求。

（3）波形变换电路是用折线法把三角波转换成正弦波的，折线段的多少直接影响转换精度。本设计中用了四段折线来逼近正弦波的 $T/4$。调试中应检查各拐点电压是否与理论值相对应，如误差较大可适当调整相应支路的电阻。由于电阻的标称值与实际需要值有差别，所以影响拐点电压的误差是不可避免的。

（4）调试输入电压 U_C 是否与输出各波形的频率相对应。用示波器观察输出三角波的频率是否符合技术指标所要求的频率范围，如与要求的偏差范围较大，可适当改变 R_6、R_8 的值或者积分电阻 R_1 的值。

7. 实验报告要求

（1）设计指标。

（2）画出总体方框图，并说明各部分的作用。

（3）设计计算，校核指标。

（4）画出详细的电路原理图并标出各元件的参数值。

（5）整理实验数据，画出必要的图表。

（6）调试过程中遇到的故障及其相应的解决方法。

（7）总结与结论。

（8）实验中的收获、体会和建议。

8. 实验预习要求

（1）了解压控函数发生器电路的工作原理和各部分电路的功能。

（2）做实验报告中 1~4 的内容。

（3）写出预习报告。

第5章 电子电路的计算机仿真 Multisim 2001 简介

Multisim 2001 是以 Windows 为系统平台的仿真工具,在一个程序包中汇总了原理图输入、Spice 仿真、HDL 设计输入与仿真、可编程逻辑综合及其他设计能力,适用于模拟/数字电路的分析与设计。

Multisim 2001 系统高度集成、仿真环境直观、操作界面简洁明了,提供了大量的仿真元件、信号源以及多种常用的电路仿真分析功能,其提供各种直观的虚拟仪器仪表,使操作界面成为一个电子实验工作台。

5.1 Multisim 2001 的基本界面

运行 Multisim 2001 后,它的基本界面如图 5-1 所示。

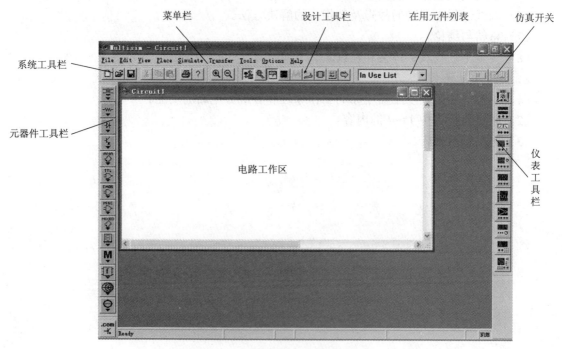

图 5-1 Multisim 2001 基本界面

基本界面中主要包含了菜单栏、系统工具栏、设计工具栏、元器件工具栏、仪表工具栏等几个部分。

5.1.1 菜单栏

通过菜单栏可以对 Multisim 的所有功能进行操作，其中 File、Edit、View、Options、Help 等功能选项与大多数 Windows 平台上的应用软件一致。此外，还有一些 EDA 软件专用的选项，如 Place、Simulation、Transfer 以及 Tool 等。

1. File

File 菜单及其功能说明如图 5-2 所示。

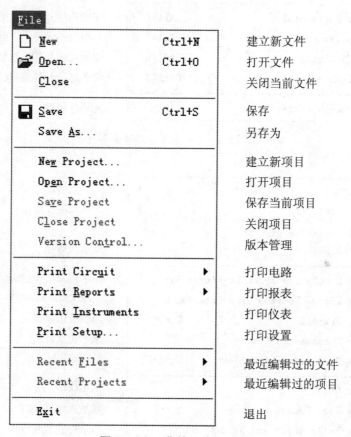

图 5-2　File 菜单及功能说明

2. Edit

Edit 命令提供了对电路图进行编辑的基本功能，其下拉菜单及功能说明如图 5-3 所示。

3. View

View 可以决定使用软件时的视图，对一些工具栏和窗口进行控制，其下拉菜单及其功能说明如图 5-4 所示。

Edit 菜单		说明
Undo	Ctrl+Z	撤销编辑
Cut	Ctrl+X	剪切
Copy	Ctrl+C	复制
Paste	Ctrl+V	粘贴
Delete	Del	删除
Select All	Ctrl+A	全选
Flip Horizontal	Alt+X	将所选的元件左右翻转
Flip Vertical	Alt+Y	将所选的元件上下翻转
90 Clockwise	Ctrl+R	将所选的元件顺时针90°旋转
90 CounterCW	Shift+Ctrl+R	将所选的元件逆时针90°旋转
Component Properties...	Ctrl+M	元器件属性

图 5-3　Edit 菜单及功能说明

View 菜单		说明
Toolbars	▶	显示工具栏
Component Bars	▶	显示元器件栏
Project Workspace		
Status Bar		显示状态栏
Show Simulation Error Log/Audit Trail		显示仿真错误记录信息窗口
Show XSpice Command Line Interface		显示 XSpice 命令窗口
Show Grapher	Ctrl+G	显示波形窗口
Show Simulate Switch		显示仿真开关
Show Text Description Box	Ctrl+D	
Show Grid		显示栅格
Show Page Bounds		显示页边界
Show Title Block and Border		显示标题栏和图框
Zoom In	F8	放大显示
Zoom Out	F9	缩小显示
Find...	Ctrl+F	查找

图 5-4　View 菜单及功能说明

4. Place

通过 Place 命令输入电路图，其下拉菜单及其功能说明如图 5-5 所示。

第 5 章 电子电路的计算机仿真 Multisim 2001 简介

Place 菜单项	快捷键	功能说明
Place Component...	Ctrl+W	放置元器件
Place Junction	Ctrl+J	放置连接点
Place Bus	Ctrl+U	放置总线
Place Input/Output	Ctrl+I	放置输入/出接口
Place Hierarchical Block	Ctrl+H	放置层次模块
Place Text	Ctrl+T	放置文字
Place Text Description Box	Ctrl+D	打开电路图描述窗口，编辑电路图描述文字
Replace Component...		重新选择元器件替代当前选中的元器件
Place as Subcircuit	Ctrl+B	放置子电路
Replace by Subcircuit	Ctrl+Shift+B	重新选择子电路替代当前选中的子电路

图 5-5　Place 菜单及功能说明

5. Simulate

通过 Simulate 执行仿真分析命令，其下拉菜单及其分析功能说明如图 5-6 所示。

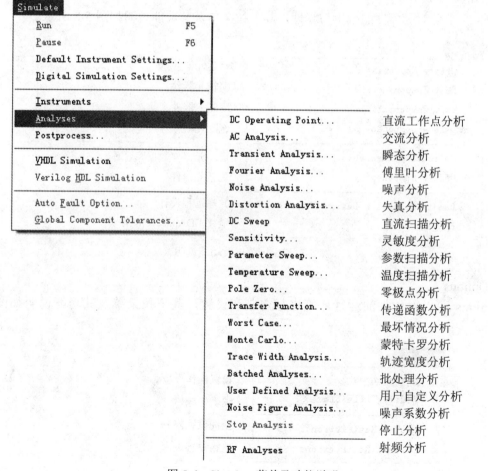

图 5-6　Simulate 菜单及功能说明

6. Transfer

Transfer 提供的命令可以完成对其他 EDA 软件需要的文件格式的输出，其下拉菜单及其功能说明如图 5-7 所示。

Transfer 菜单	功能说明
Transfer to Ultiboard	转换为 Ultiboard
Transfer to other PCB Layout	转换到其他电路板
Backannotate from Ultiboard	Ultiboard 中所作的修改标记到正在编辑的电路中
VHDL Synthesis	VHDL 合成
Export Simulation Results to MathCAD	仿真结果输出到 MathCAD
Export Simulation Results to Excel	仿真结果输出到 Excel
Export Netlist	输出电路网表文件

图 5-7　Transfer 菜单及功能说明

7. Tools

Tools 主要针对元器件的编辑与管理，其下拉菜单及其功能说明如图 5-8 所示。

Tools 菜单	功能说明
Create Component...	新建元器件
Edit Component...	编辑元器件
Copy Component...	复制元器件
Delete Component...	删除元器件
Database Management...	启动元器件数据库管理器
Update Components	更新元器件
Remote Control / Design Sharing	共享远程设计
EDAparts.com	链接 EDApart.com 网站

图 5-8　Tools 菜单及功能说明

8. Options

Options 可以对软件的运行环境进行定制和设置，其下拉菜单及其功能说明如图 5-9 所示。

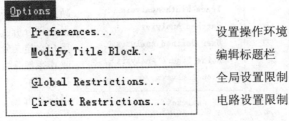

Options 菜单	功能说明
Preferences...	设置操作环境
Modify Title Block...	编辑标题栏
Global Restrictions...	全局设置限制
Circuit Restrictions...	电路设置限制

图 5-9　Options 菜单及功能说明

9. Window

Window 提供了显示窗口的不同排列方式，其菜单及其功能说明如图 5-10 所示。

10. Help

Help 提供了对 Multisim 的在线帮助和辅助说明，其菜单及其功能说明如图 5-11 所示。

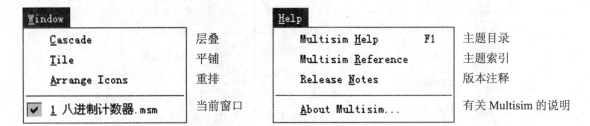

图 5-10　Window 菜单及功能说明　　　　图 5-11　Help 菜单及功能说明

5.1.2　工具栏

Multisim 2001 提供了多种工具栏，并以层次化的模式加以管理，可以通过 View 菜单中的选项方便地将顶层的工具栏打开或关闭，再通过顶层工具栏中的按钮来管理和控制下层的工具栏。通过工具栏，用户可以方便直接地使用软件的各项功能。

1. 系统工具栏

系统工具栏中包括了新建、打开、保存、剪切、拷贝、粘贴、打印、放大、缩小等常见的文件操作按钮。

2. 设计工具栏

设计工具栏如图 5-12 所示，它是 Multisim 2001 的核心，可以直观、方便地进行电路的输入、仿真、分析并输出设计数据。

图 5-12　设计工具栏

3. 元器件工具栏

元器件工具栏如图 5-13 所示。

图中的每个按钮都对应一类元器件，通过按钮上的图标就可大致了解此类元器件的类型。每一个按钮又可以开关下层的工具栏，下层工具栏是对该类元器件更细致的分类工具栏。

（1）电源（Source）库：电源库中所对应的元器件系列如图 5-14 所示。

（2）基本元件（Basic）库：其对应元器件系列如图 5-15 所示。基本元件库中的元件均可通过其属性对话框对其参数进行设置，带绿色衬底者为虚拟元件。

（3）二极管（Diodes　Components）库：其对应元器件系列名称如图 5-16 所示。

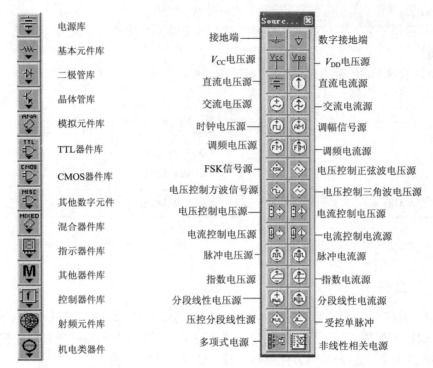

图 5-13　元件工具栏

图 5-14　电源库

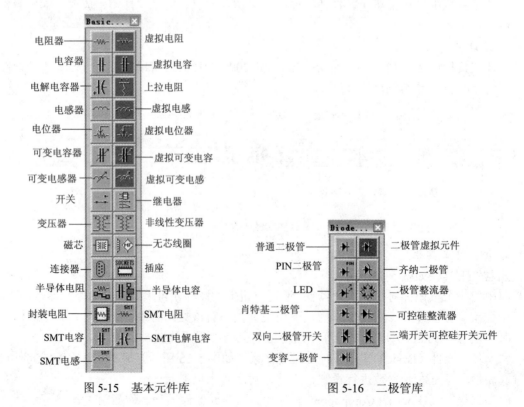

图 5-15　基本元件库

图 5-16　二极管库

（4）晶体管（Transistors Components）库：库中各器件名称如图 5-17 所示。其中现实元件库中的元件模型对应世界主要厂家生产的晶体管元件，带绿色背景的为虚拟晶体管。

（5）模拟元件（Analog Components）库：对应元件系列如图 5-18 所示。

（6）TTL 元件库：库中各对应元件系列如图 5-19 所示。

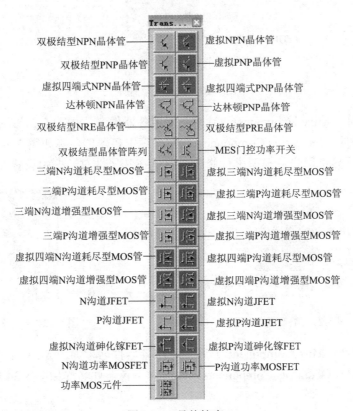

图 5-17　晶体管库

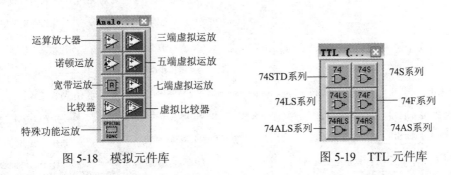

图 5-18　模拟元件库　　　　　　图 5-19　TTL 元件库

使用 TTL 元件库时，器件逻辑关系可查阅相关手册或利用 Multisim 2001 的帮助文件。有些器件是复合型结构，在同一个封装里有多个相互独立的对象。如 7400N，有 A、B、C、D 四个功能完全相同的两输入端与非门，可在选用器件时弹出的选择框中任意选取。

（7）CMOS 元件库：库中各器件名称如图 5-20 所示。

（8）其他数字元件（Misc. Digital Components）库：实际上是用 VHDL、Verilog-HDL 等高级语言编辑按功能存放的虚拟数字元件，不能转换为版图文件。

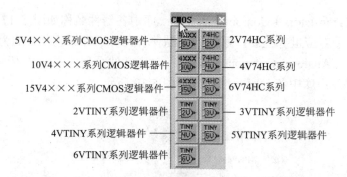

图 5-20　CMOS 器件库

（9）混合器件（Mixed Components）库：库中各器件名称如图 5-21 所示。
（10）指示器件（Indicators Components）库：库中各器件名称如图 5-22 所示，用来显示电路仿真结果。不允许用户从模型进行修改，只能在其属性对话框中设置其参数。

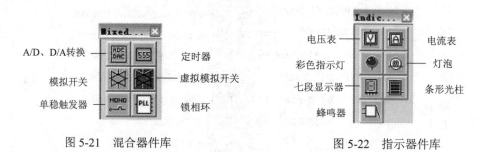

图 5-21　混合器件库　　　　　　　图 5-22　指示器件库

（11）其他器件（Misc.Components）库：库中各器件名称如图 5-23 所示。
（12）控制器件（Controls Components）库：库中各器件名称如图 5-24 所示。

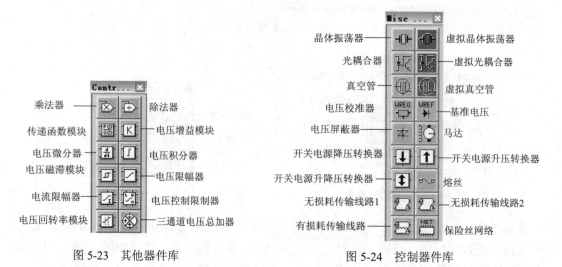

图 5-23　其他器件库　　　　　　　图 5-24　控制器件库

（13）射频元件（RF Components）库：库中各器件名称如图 5-25 所示，提供了一些适合高频电路的元件。
（14）机电类器件（Electro-Mechanical Components）库：库中各器件名称如图 5-26 所示，

除线性变压器外，都属于虚拟的电工类器件。

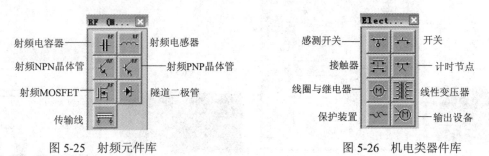

图 5-25　射频元件库　　　　　　　　　图 5-26　机电类器件库

4. 仪表工具栏

仪表库的图标如图 5-27 所示，其中共有 11 种仪器仪表。

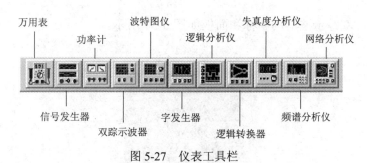

图 5-27　仪表工具栏

（1）数字万用表。数字万用表是一种可以测量和显示交直流电压、交直流电流和电阻的常用仪表，还可以分贝形式显示。万用表内部参数通过按钮进行设置，图标、面板及参数设置界面如图 5-28 所示。

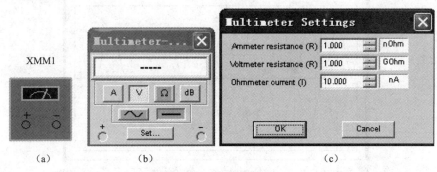

（a）　　　　　　　　　（b）　　　　　　　　　　　　（c）

图 5-28　数字万用表

（a）图标；（b）面板；（c）参数设置界面

（2）函数信号发生器。函数信号发生器可以提供正弦波、方波和三角波信号，其图标、面板及参数设置界面如图 5-29 所示。信号的频率、占空比、幅度、偏移量均可在面板上进行设定，还可设置矩形波的上升沿和下降沿时间。

（3）功率表。功率表是测量电路功率的仪表，交、直流均可测量，其图标和面板如图 5-30 所示。面板中左侧为电压输入端子，右侧为电流输入端子。

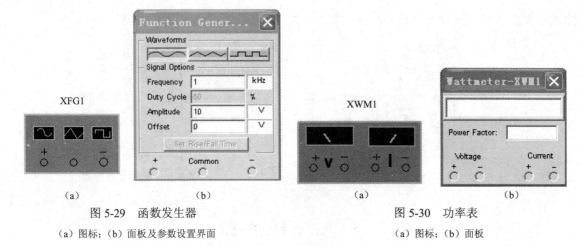

图 5-29 函数发生器　　　　　　　　　　　图 5-30 功率表
（a）图标；（b）面板及参数设置界面　　　　（a）图标；（b）面板

（4）示波器。双踪示波器的图标和面板如图 5-31 所示。

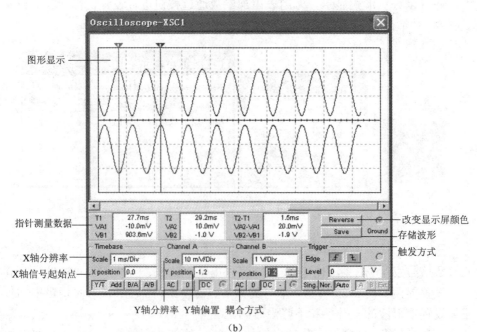

图 5-31 示波器
（a）图标；（b）面板设置

其面板的主要功能如下：

① Timebase 区：Y/T 表示 A、B 通道的输入信号与时间的关系；B/A（A/B）表示将通道 A（B）作为 X 轴扫描信号，B（A）通道信号作为 Y 轴输入。

② Trigger 触发方式选择区：Edge 为边沿触发（上升或下降沿）；Level 为触发电平的大小；[Sing] 单脉冲触发，[Nor] 一般脉冲触发，[Auto] 内触发，[A] 或 [B] 分别是以哪一路信号作为触发信号，[Ext] 为面板 T 端口的外部触发有效。

③ 波形参数的测量：屏幕上两个指针为时间轴测量参考线 T1、T2，此时对应的 A、B 输入电压瞬时值为 VA1、VA2、VB1、VB2。

（5）波特图仪。波特图仪是用来测量和显示电路的幅频特性与相频特性的仪器，其图标和面板如图 5-32 所示。Vertical Y 轴选用对数或线性型，Horizontal X 轴选用对数或线性分布，箭头←→移动指针表示其对应的幅度和频率。

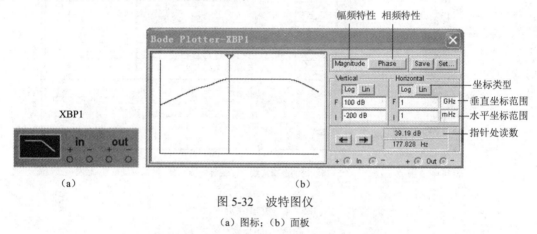

图 5-32 波特图仪
(a) 图标；(b) 面板

（6）字信号发生器。字信号发生器是能产生 32 路同步逻辑信号的多路逻辑信号源，其图标、面板设置如图 5-33 所示。

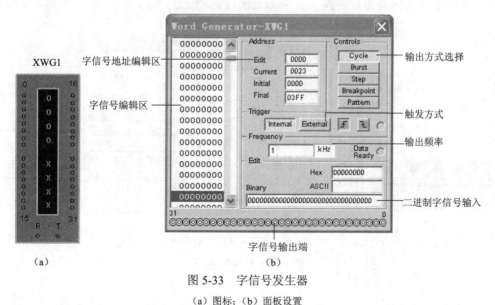

图 5-33 字信号发生器
(a) 图标；(b) 面板设置

（7）逻辑分析仪。用于数字逻辑信号的高速采集和时序分析，可以同步记录和显示 16 路数字信号，其图标及面板设置如图 5-34 所示。

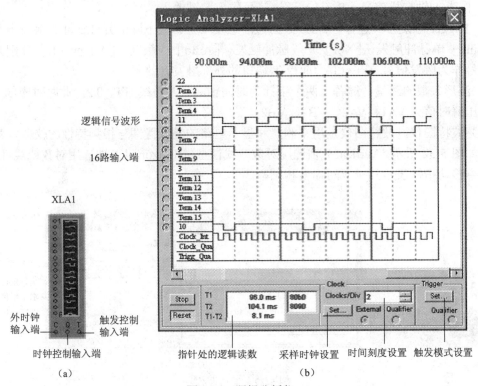

图 5-34　逻辑分析仪
（a）图标；（b）面板设置

（8）逻辑转换器。逻辑转换器是 Multisim 2001 特有的虚拟仪器，可以完成真值表、逻辑表达式和逻辑电路之间的相互转换，其图标及面板说明如图 5-35 所示。

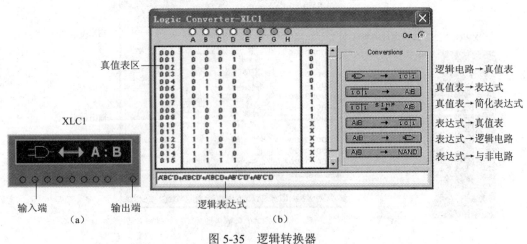

图 5-35　逻辑转换器
（a）图标；（b）面板

第 5 章 电子电路的计算机仿真 Multisim 2001 简介   99

(9) 失真度分析仪。失真度分析仪是测试电路总谐波失真与信噪比的仪器,其图标及面板说明如图 5-36 所示。

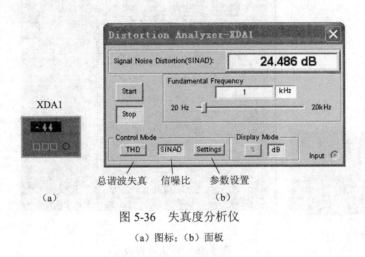

图 5-36 失真度分析仪
(a) 图标;(b) 面板

(10) 频谱分析仪。频谱分析仪是分析信号频域特性的仪器,其图标及面板如图 5-37 所示。

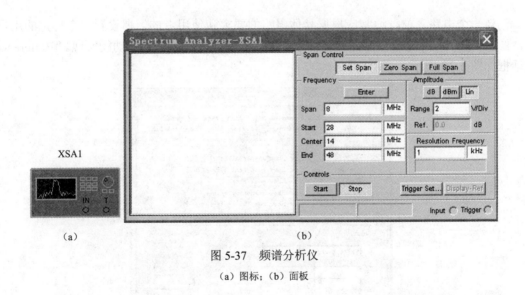

图 5-37 频谱分析仪
(a) 图标;(b) 面板

(11) 网络分析仪。网络分析仪是分析双端口网络的仪器,可以测量衰减器、放大器、混频器、功率分配器等电子电路及元件的特性,Multisim 2001 提供的网络分析仪可以测量电路的 S 参数并计算 H、Y、Z 参数,其图标、面板如图 5-38 所示。

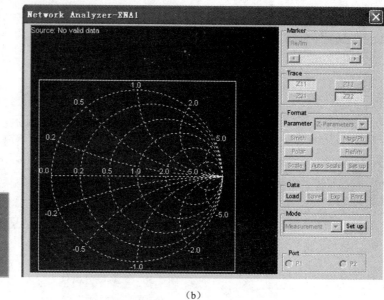

XNA1

(a)　　　　　　　　　　　　　　　(b)

图 5-38　网络分析仪
(a) 图标；(b) 面板

5.2　Multisim 2001 的操作方法

创建一个电路之前，通常应根据具体电路的要求和使用者的习惯设置一个特定的用户界面。通过主菜单"Options"下"Preferences"对话框中提供的各项选择功能实现。"Preferences"对话框如图 5-39 所示。

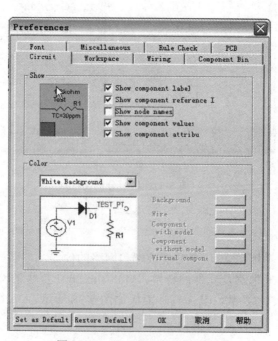

图 5-39　"Preferences"对话框

该对话框中的每个选项卡中包含了若干个功能选项。适当选取这些选项就能对电路的界面进行较为全面的设置。如"Workspace"页可对电路显示窗口的图纸大小规格等进行设置;"Component Bin"选项卡可对界面上元件箱出现的形式、元件箱内元件的符号标准及从元件箱中取用的方式进行设置。由于目前国际上有 ANSI(美国标准)和 DIN(欧洲标准)两套常用电气符号标准,我国的标准与 DIN 相近;"Circuit"选项卡则是对电路窗口内元件和连线上所要显示的文字项目,以及编辑窗口里各元器件和背景的颜色等进行设置;"Wiring"选项卡用以设置电路导线宽度与连线方式;"Font"选项卡是对元件的标识和参数值、节点、引脚名称、原理图文本和元器件属性等的文字进行设置;"Miscellaneous"选项卡是对电路的备份、存盘路径、数字仿真速度及 PCB 接地方式的设置。

以图 5-40 所示电路为例,简单介绍 Multisim 2001 的操作方法。

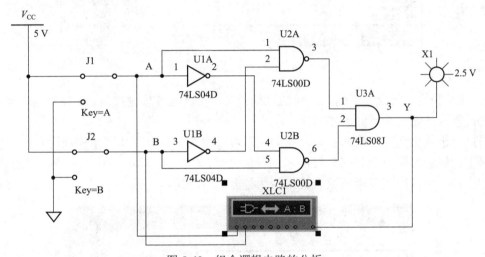

图 5-40 组合逻辑电路的分析

① 电路的建立。运行 Multisim 2001,自动打开一个空白的电路文件。
② 选取所需元器件,放置在电路工作区。
取用元器件的方法有两种:从工具栏取用或从菜单取用。
● 从 TTL 工具栏选取 74LS00。74LS00 是四/二输入与非门,在窗口的 Section A/B/C/D 分别代表其中的一个与非门,用鼠标选中其中的一个放置在电路图编辑窗口中。同样的方法选取 74LS04、74LS08。
● 从 Basic 库 Switch 按钮选取开关 SPD1。
● 从 Source 库取电源 V_{cc} 和地。
● 从 Indictors 库选取 Probe 指示灯。

以上元件也可从菜单 Place/ Place Component 命令打开 Component Browser 窗口在列表中选取,如图 5-41 所示。

当器件放置到电路编辑窗口中后,可以进行移动、复制、粘贴等编辑工作。
③ 将元器件连接成电路。在将电路需要的元器件放置在电路编辑窗口后,用鼠标单击连线的起点并拖动鼠标至连线的终点,就可以方便地将器件连接起来。为了分析方便,在输入和输出端放置了文本标识,通过 Place/Place text 设置 A、B 和 Y。

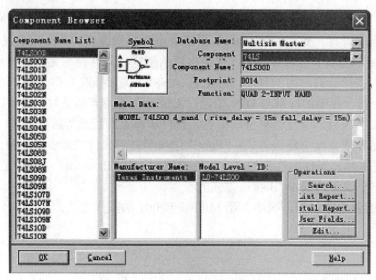

图 5-41　元件 74LS00 的选取窗口

④ 分析仿真。闭合主界面右上角的运行开关，可以通过按键盘 A、B 控制输入变量状态的变化，直观地看见指示灯的亮与灭。

通过分析输出变量与输入变量之间的关系可以得到：该电路实现了同或运算。

双击逻辑转换器得到如图 5-42 所示的分析结果，图中显示输出与输入变量之间的真值表，点击相应按钮可以得到逻辑函数表达式。两种分析方法结论一致。

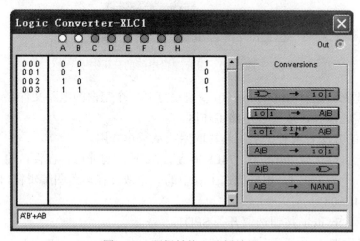

图 5-42　逻辑转换器分析结果

5.3　应用举例

5.3.1　数字电路的设计与仿真

例 1　分析图 5-43 所示的时序逻辑电路，其中时钟信号由信号发生器提供，用数码管及逻辑分析仪分别显示和观测计数状态。

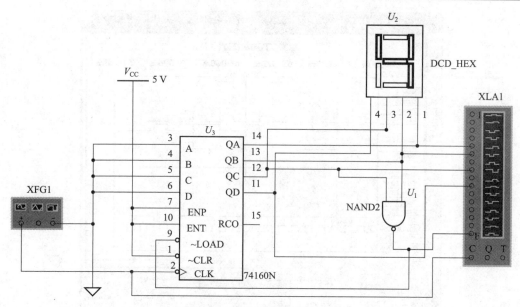

图 5-43 时序逻辑电路的分析

（1）放置元件。主界面基本元件库中调用电源和接地，TTL 库中调用十进制计数器 74160N、与非门 7420，指示器库中调用数码管，连接成图 5-43 所示电路。

（2）添加并设置仪表。在仪表工具栏中，调用信号发生器 XFG1 和逻辑分析仪 XLA1 进行连接。

（3）双击图标 XFG1，选择时钟信号的面板设置如图 5-44 所示。

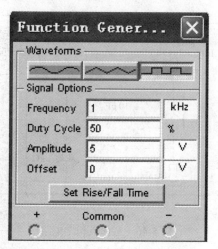

图 5-44 信号发生器 XFG1 的设置

单击运行开关，观察数码管循环地从 0～6 显示数字。

（4）双击逻辑分析仪 XLA1，得到图 5-45 所示的波形图。

分析波形图可以看见，QD、QC、QB、QA 四个输出端的状态转换为 0000→0001→0010→0011→0100→0101→0110，经过 7 个时钟脉冲输出波形就重复一次，与非门的输出端产生一个进位信号（负脉冲）。因此这是一个同步七进制加法计数器。

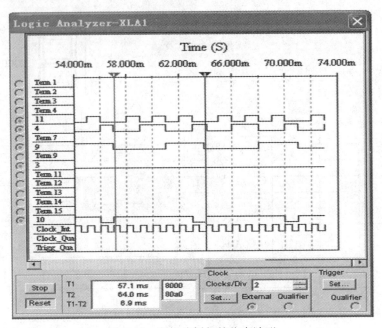

图 5-45　逻辑分析仪的仿真波形

5.3.2　模拟电路的分析与仿真

例 2　工作点稳定电路性能的分析测试。

（1）调取元器件。在 Multisim 2001 工作平台上按图 5-46 所示电路调出所有元件。

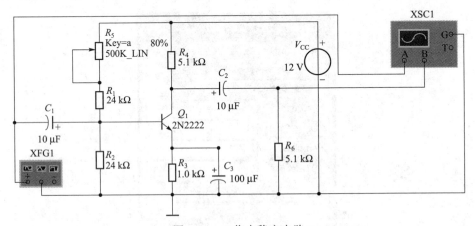

图 5-46　工作点稳定电路

- 从基本元件库调出电阻、电容、晶体管、电位器，电源库中调出电源和地线。
- 从晶体三极管库中调出 2N222。
- 从仪表工具栏中调出信号发生器和示波器，按图调整好各元件位置并连好线。

其中信号发生器设置为正弦波，频率为 1 kHz，幅值为 10 mV。

（2）静态工作点的分析。

① 从仪表工具栏中调出数字万用表按图 5-47 连接，点击仿真开关，并连续按"A"键

使电位器的百分比为 80%（小写 a 则减小百分比）。双击示波器图标，观察输出端波形为正弦波。

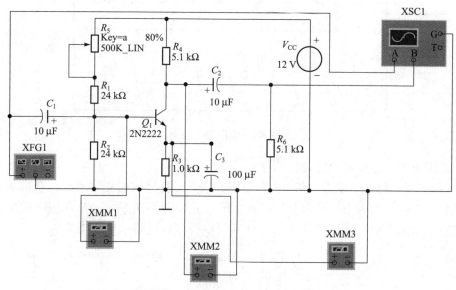

图 5-47 静态工作点的测试

将输入信号短路（信号发生器输出幅值设置为零），测量电路中晶体管三个极对地的电位，结果显示如图 5-48 所示。

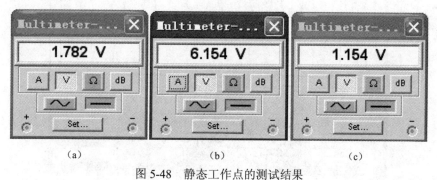

图 5-48 静态工作点的测试结果
(a) 基极电位；(b) 集电极电位；(c) 发射极电位

② 信号发生器设置成幅值为 10 mV 频率为 1 kHz 的正弦波，双击示波器图标，观察输出端的正弦波。

连续按"A"键使电位器的百分比增大为 95%，此时输入与输出的波形如图 5-49 所示（下方波形为输入的正弦信号，上方波形为输出信号）。

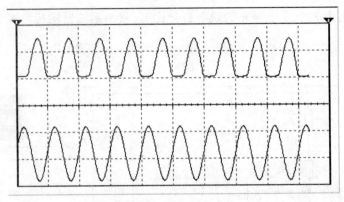

图 5-49 输出失真波形

(3) 应用虚拟仪器分析交流性能指标。

① 用示波器观测电压增益。按 "A" 键使电位器的百分比恢复为 80%，双击示波器可以得到输出和输入信号的波形，波形及示波器面板设置如图 5-50 所示。从图中指针的指示数据可以得到输出和输入信号的电压值，通过计算可以得到该电路的电压增益

$$A_u = \frac{V_{B2} - V_{B1}}{V_{A2} - V_{A1}} = \frac{1\,900}{19.7} \approx 99$$

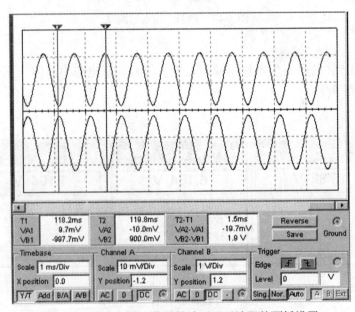

图 5-50 输入与输出信号的波形及示波器的面板设置

② 波特图仪测量电路的幅频特性。将波特图仪接入电路中，如图 5-51（a）所示。双击图标 XBP1，得到如图 5-51（b）所示的测试结果。移动图中指针可以测量得出：电路的最大增益为 39.19 dB，下限截止频率 f_L 为 64.565 Hz，上限截止频率 f_H 为 14.458 MHz。

③ 失真度仪测量电路的失真度。将失真度仪接入电路，如图 5-52（a）所示。双击图标 XDA1，得到的测试结果如图 5-52（b）所示，该电路的失真度为 5.977%。

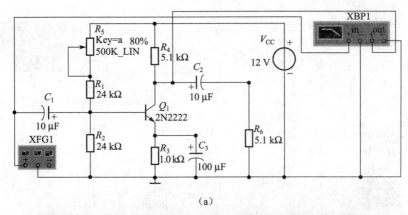

图 5-51 幅频特性测试电路及测试结果
(a) 接线图;(b) 幅频特性曲线

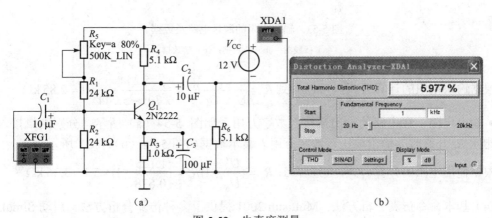

图 5-52 失真度测量
(a) 接线图;(b) 失真度测试结果

④ 万用表测量输入电阻和输出电阻。

● 输入电阻。输入端接入阻值为 1 kΩ 的电阻 R_7[①],并按图 5-53 (a) 接入数字万用表,数字万用表 XMM2 及 XMM1 分别显示 U_s 和 U_i 的测量数据,其值如图 5-53 (b)、(c) 所示。

[①] 正文中电阻 R_7 在软件中表示为 R7,其他元件的表示方法与之相似。

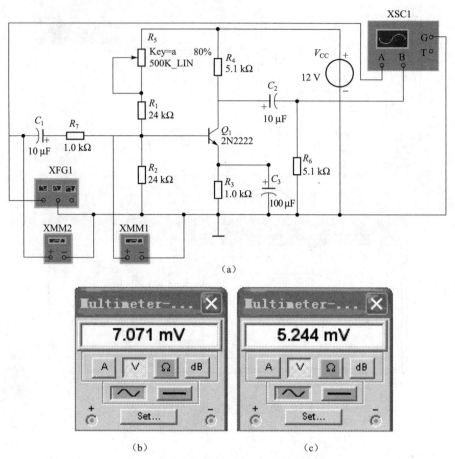

(a)

(b)　　　　　　　　(c)

图 5-53　输入电阻的测量电路及数据

(a) 接线图；(b) U_s 数据；(c) U_i 数据

根据输入电阻的计算公式，可以得到 $R_i = \dfrac{U_i}{U_s - U_i} R_7 = \dfrac{5.244}{7.701 - 5.244} \times 1 = 2.85 \text{ k}\Omega$。

● 输出电阻。在电路的输出端接入数字万用表如图 5-54（a）所示，分别测量接入电阻 R_6 及电阻 R_6 开路时的输出电压，数字万用表显示数据如图 5-54（b）、（c）所示。

根据输出电阻的计算公式，可以得到 $R_o = (\dfrac{U'_o}{U_o} - 1) R_6 = (\dfrac{1.125}{0.678} - 1) \times 5.1 = 3.36 \text{ k}\Omega$ [①]

（4）基本命令仿真分析方法。Multisim 2001 提供了多种仿真分析方法。启动 Simulate 菜单中的 Analysis 命令，或点击设计工具栏中的按钮，可以分别进行直流工作点分析、交流分析、瞬态分析、傅里叶分析、噪声分析、失真分析、直流扫描分析、灵敏度分析、参数扫描分析、温度扫描分析、传递函数分析、极—零点分析、最坏情况分析、蒙特卡罗分析、批处理分析等各种仿真分析。

① 直流工作点分析（DC Operating Point Analysis）：直流工作点分析是用来计算电路静态工作点的，进行分析时，Multisim 2001 自动将电路分析条件设为电感及交流电压源短路，

---

① 与理论计算值 $R_o = R_4 = 5.1 \text{ k}\Omega$ 比较误差较大，若选用虚拟晶体管测试值与理论值近似相等。

电容开路。

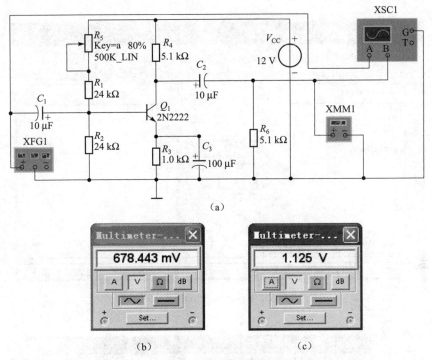

图 5-54 输出电阻的测量

(a) 接线图；(b) 接入 R_6 时的输出电压 U_o；(c) R_6 开路时的输出电压 U_o'。

- 打开图 5-46 所示的工作点稳定电路，点击右键，在出现的快捷菜单中选"Show..."，在 Show 窗口的 Show node names 前方打钩，然后点击"OK"，可以看到电路上已自动加上每个节点的编号，如图 5-55 所示。

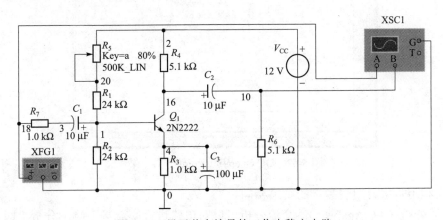

图 5-55 显示节点编号的工作点稳定电路

- 点击菜单栏中 Simulate，在出现的下拉菜单中点击 Analysis 命令，然后选 DC Operating Point，将出现如图 5-56 所示的对话框。左边列出了所有可供分析的节点、流过电压源的电流等变量。选中需要测量的节点，然后点击中间按钮，即可将确定的需分析的节点、流过电压源的电流等变量添加到右边,最后点击下方 Simulate 按钮,可出现分析结果数据如图 5-57 所示。

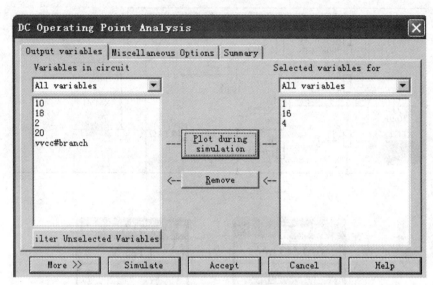

图 5-56　DC Operating Point 分析对话框

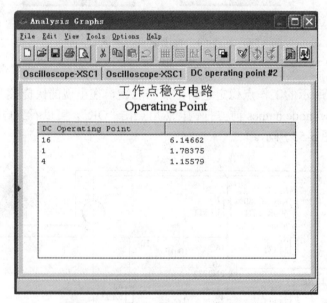

图 5-57　DC Operating Point 分析结果

与前面利用数字万用表测量的结果相同。

② 交流分析(AC Analysis):交流分析可以对电路进行交流频率响应分析,即分析电路幅值和相位的频率响应,此时直流电压源和电容被视为短路。

● 在 Analysis 命令中选 AC Analysis,将出现如图 5-58 所示的对话框。

● 在 Output Variables 对话框中,选择节点 10 作为分析点,点击 Simulate 按钮,可得到如图 5-59 所示的窗口。

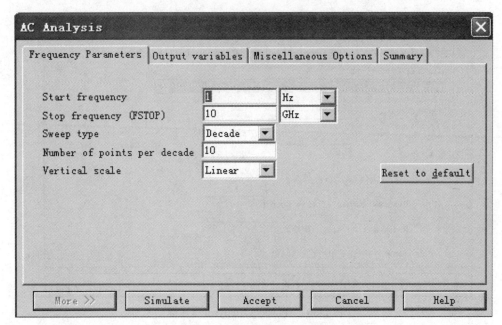

图 5-58　AC Analysis 对话框

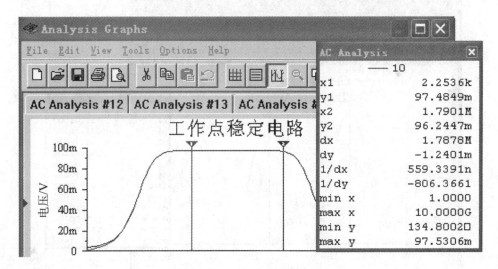

图 5-59　AC Analysis 结果

● 图中右侧 x1、y1、x2、y2 分别表示指针 1 和指针 2 所处的位置。

结论：该电路的电压增益为 97.5，上限截止频率为 11.3 MHz，下限截止频率为 67.1 Hz。

③ 瞬态分析（Transient Analysis）：瞬态分析（Transient Analysis）是一种非线性时域分析方法，可以分析在激励信号作用下电路的时域响应。

● 在 Analysis 命令中选 Transient Analysis，将出现如图 5-60 所示的对话框。

● 在 Output Variables 对话框中，选择节点 10 作为分析点，点击 Simulate 按钮，出现如图 5-61 所示仿真结果波形图。

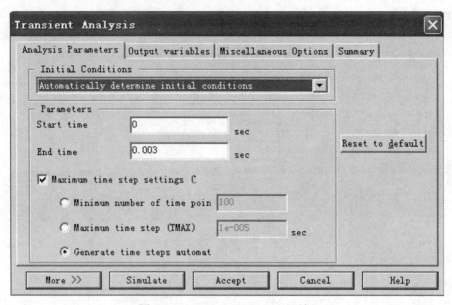

图 5-60 Transient Analysis 对话框

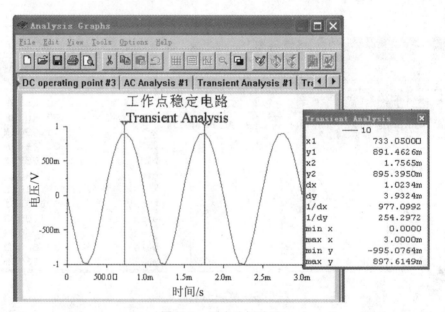

图 5-61 瞬态分析结果

④ 参数扫描分析：在 Analysis 命令中选 Parameter Sweep...，将出现如图 5-62 所示的对话框。选择电阻 R_1 作为扫描参数，节点 10 作为输出变量，点击 Simulate 按钮，出现如图 5-63 所示仿真结果波形图。

⑤ 温度扫描分析：在 Analysis 命令中选 Temperature Sweep...，将出现如图 5-64 所示的对话框，选择节点 10 作为分析点，点击 Simulate 按钮，出现如图 5-65 所示仿真结果波形图。

第 5 章 电子电路的计算机仿真 Multisim 2001 简介

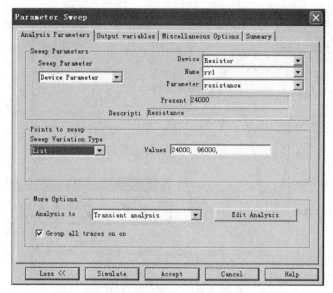

图 5-62　Parameter Sweep 对话框

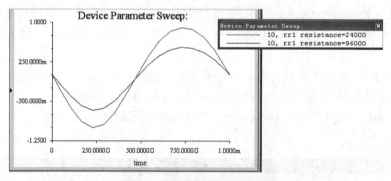

图 5-63　参数扫描分析结果

图 5-64　Temperature Sweep 对话框

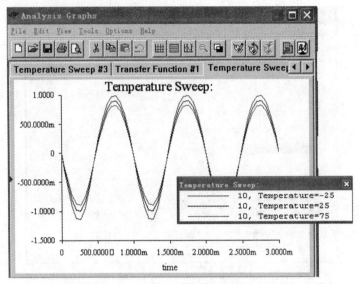

图 5-65　温度扫描结果

⑥ 后处理分析（postprocessor）：后处理分析是专门用来对仿真结果进行进一步数学处理的工具，它能对仿真所得的曲线和数据进行运算处理，处理结果仍可以用曲线或数据形式显示。

我们以输入阻抗的特性曲线为例，介绍后处理分析的使用方法。
- 首先要对图 5-55 所示电路中的节点 18 和 3 进行 AC Analysis。
- 在 Analysis 命令中选 Postprocessor，其对话框设置如图 5-66 所示。

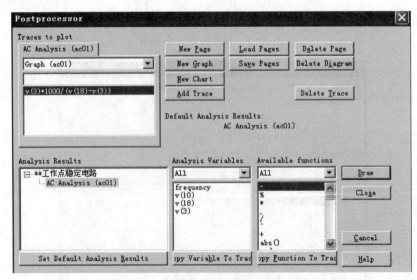

图 5-66　Postprocessor 的对话框设置

- 点击 Draw 按钮，得到输入阻抗的幅频特性曲线如图 5-67 所示。

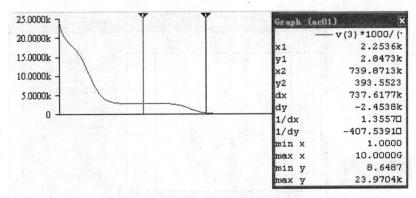

图 5-67 输入阻抗的幅频特性曲线

5.4 仿真实验

实验基本要求：
（1）实验之前学习并了解 Multisim 2001 的基本操作方法。
（2）认真阅读实验教材，深入理解实验目的、实验内容和要求，设计出实验电路图，确定各元器件的参数，拟订仿真的步骤和方法等。
（3）实验过程中，以本人的"姓名和学号"建立一个文件夹，根据实验内容建立不同的仿真文件。认真观察并分析实验结果，注意保存结果文件。
（4）实验完成后独立撰写实验报告，报告要求用 Word 文档的打印格式，主要内容包括：
① 实验题目、实验目的、实验任务和要求。
② 计算机绘制的实验电路图。
③ 仿真分析结果，包括测试数据、仿真波形或曲线等，并对测试结果进行必要的分析说明。
④ 总结实验中出现的问题，说明解决问题的方法和结果。
⑤ 总结实验的收获、体会和建议等。

5.4.1 组合逻辑电路的分析与设计

1. 实验目的
（1）掌握用逻辑转换器进行逻辑电路分析与设计的方法。
（2）熟悉数字逻辑功能的显示方法及单刀双掷开关的应用。
（3）熟悉字信号发生器、逻辑分析仪的使用方法。

2. 实验内容及步骤
（1）采用逻辑分析仪进行四舍五入电路的设计。
① 运行 Multisim 2001，新建一个电路文件，保存为四舍五入电路设计。
② 在仪表工具栏中调出逻辑分析仪 XLC1。
③ 双击图标 XLC1，出现其面板如图 5-68 所示。
④ 依次点击输入变量，并分别列出实现四舍五入功能所对应的输出状态（点击输出依次得到 0、1、x 状态）。

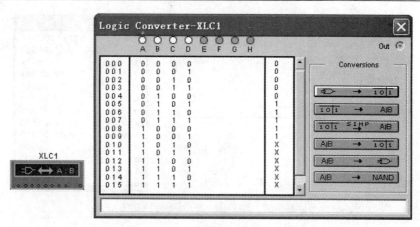

图 5-68　逻辑分析仪图标及面板

⑤ 点击右侧不同的按钮,得到输出变量与输入变量之间函数关系式、简化的表达式、电路图及与非门实现的逻辑电路。

⑥ 记录不同的转换结果。

(2) 分析图 5-69 所示代码转换电路的逻辑功能。

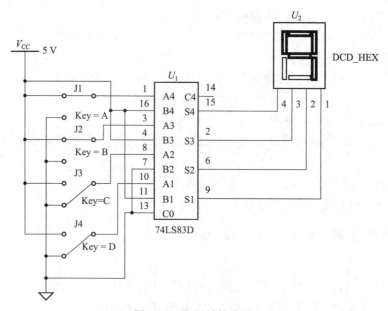

图 5-69　代码转换电路

① 运行 Multisim 2001,新建一个电路文件,保存为代码转换电路。

② 从元器件库中选取所需元器件,放置在电路工作区。

- 从 TTL 工具栏选取 74LS83D 放置在电路图编辑窗口中。
- 从 Source 库取电源 V_{CC} 和数字地。
- 从 Indictors 库选取字符显示器。
- 从 Basic 库 Switch 按钮选取单刀双掷开关 SPD1,双击开关,开关的键盘控制设置如图 5-70 所示。

③ 将元件连接成图 5-69 所示的电路。

④ 闭合仿真开关，分别按键盘 A、B、C、D 改变输入变量状态，将显示器件的结果填入表 5-1 中。

⑤ 说明该电路的逻辑功能。

（3）用八选一数据选择器 74LS151 设计一个全加、全减逻辑电路。要求：当控制信号 M=0 时，电路实现全加器的功能；当控制信号 M=1 时，电路实现全减器的功能。

① 运行 Multisim 2001，新建一个电路文件，保存为全加减电路文件。

② 从元器件库中选取所需元器件，放置在电路工作区，并连线。

从 TTL 工具栏选取所需元器件 74LS151D 和反相器 74LS04，放置在电路工作区；在仪表工具栏中调出字信号发生器、逻辑分析仪；将元器件和仪表按图 5-71 所示连接。

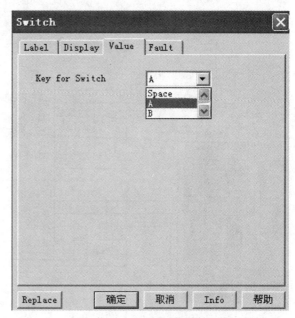

图 5-70 键盘控制开关的设置

表 5-1 代码转换显示结果

输 入				输出
A	B	C	D	
0	0	1	1	
0	1	0	0	
0	1	0	1	
0	1	1	0	
0	1	1	1	
1	0	0	0	
1	0	0	1	
1	0	1	0	
1	0	1	1	
1	1	0	0	

为了使输出与输入变量之间对应关系更加清楚，在输入和输出端通过 Place/ Place text 分别设置了 S、C_{n+1}、M、A 等文本标识。

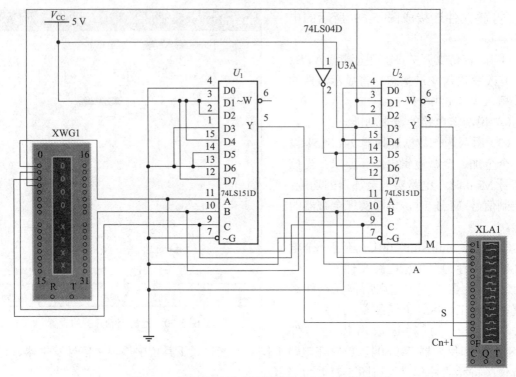

图 5-71 数据选择器实现的可控全加、全减器电路

③ 双击字信号发生器 XWG1 图标,按照图 5-72 所示进行面板的设置。

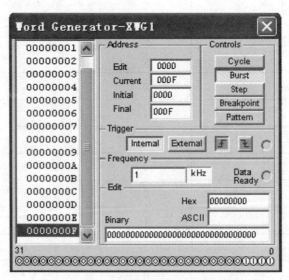

图 5-72 字信号发生器面板的设置

④ 双击逻辑分析仪 XLA1 图标,观察并画出输入变量与输出变量之间的对应波形。

⑤ 分析输出变量与输入变量之间的对应关系,将结果填入表 5-2 中。

表 5-2　全加减电路测试结果

输　　入				输　　出	
M	A	B	C	S	C_{n+1}

3. 选做内容

（1）用四位加法器 74LS83 设计一个代码转换电路，将余 3 码转换成 8421 码，并用数码管显示转换结果。

（2）用八选一数据选择器 74LS151 设计一个组合逻辑电路。电路有三个输入变量 A、B、C 和一个控制变量 M。当控制信号 M=0 时，电路实现"意见一致"的功能，即 A、B、C 状态一致时输出为"1"，否则输出为"0"；当控制信号 M=1 时，电路实现"多数表决"的功能，即输出与 A、B、C 中多数的状态一致。

5.4.2　时序逻辑电路的分析与设计

1. 实验目的

（1）掌握常用时序逻辑电路的分析、设计与测试方法。
（2）熟悉数字逻辑功能的显示方法及单刀双掷开关的应用。
（3）熟悉字信号发生器、逻辑分析仪的使用方法。

2. 实验内容及步骤

（1）四位二进制计数器电路的分析。

① 选取元器件、仪器并按图 5-73 连接电路。
② 运行仿真，双击逻辑分析仪 XLA1 图标，观察并画出其显示的波形。
③ 分析逻辑分析仪上显示的 Q0、Q1、Q2 和 Q3 的波形，确定该电路的逻辑功能。

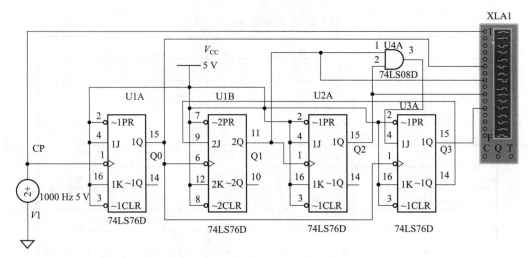

图 5-73 异步时序逻辑电路

（2）集成 74LS290 计数器的功能测试

① 选取元器件并按图 5-74 所示电路连接，置"9"和置 0 端的状态由单刀双掷开关控制，输出端状态由发光器件显示。

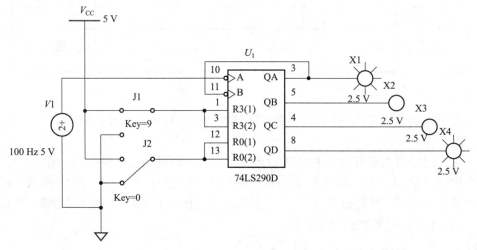

图 5-74 74LS290 的功能测试

② 分别改变置"9"和置"0"端的状态，实现"置 0"（0000）和"置 9"（1001）的功能，将测试结果填入表 5-3 中。

表 5-3 74LS290 功能测试结果

输入端						输出端			
R_{01}	R_{02}	S_{91}	S_{92}	CP_1	CP_2	QD	QC	QB	QA
1	1	0	×	×	×				
1	1	×	0	×	×				
0	×	1	1	×	×				
×	0	1	1	×	×				

续表

输入端						输出端			
R_{01}	R_{02}	S_{91}	S_{92}	CP_1	CP_2	QD	QC	QB	QA
0	×	0	×	↓		QA	QD	QC	QB
.	.	.	.						
.	.	.	.						
.	.	.	.						
0	×	0	×		QD	↓	QA	QD	QC	QB
.	.	.	.						

③ 改变电路的连接形式，用 74LS290 实现二进制、五进制、十进制 8421BCD 码的计数器，记录测试结果。

（3）用两片 74LS160 设计实现 24 进制计数器，用数码管显示并验证计数状态。

5.4.3 多级放大电路和负反馈放大电路仿真测试

1. 实验目的

（1）熟悉元器件的调用、编辑及参数设置的方法。
（2）掌握应用虚拟仪器测量电压增益、频带宽度、输入电阻和输出电阻的方法。
（3）学习应用软件仿真分析功能。
（4）巩固负反馈对放大电路性能的影响。

2. 实验内容与步骤

（1）多级放大电路性能指标的测试。选择元器件，调出函数发生器和示波器，按图 5-75 所示电路连接。双击函数信号发生器，按图 5-76 设置面板，即输入信号为正弦波，频率 1 kHz，幅值 2 mV。

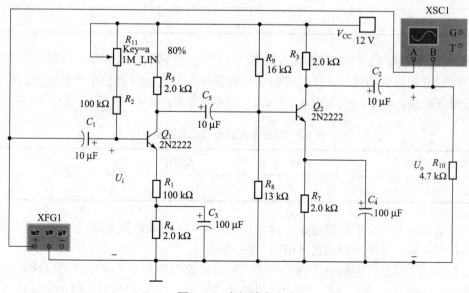

图 5-75 多级放大电路

① 静态工作点的测试：点击仿真开关，通过键"A"调节电位器（大写为电阻百分数增大），使输出波形最大不失真。

将数字万用表分别测量三极管三个极对地的电位填入表 5-4 中（注意：静态测试需使输入信号短路）。

表 5-4　电位测量结果

U_{C1}/V	U_{B1}/V	U_{E1}/V	U_{C2}/V	U_{B2}/V

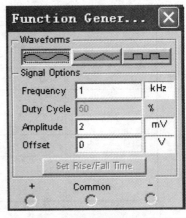

图 5-76　函数信号发生器面板设置

② 电压增益及输出电阻的测试：双击示波器，观察输入和输出的正弦波形。用示波器屏幕上的活动指针读出它们的幅值，算出电压增益 A_u，将结果填入表 5-5 中。断开负载电阻，用同样的方法计算电压增益，并计算输出电阻。

表 5-5　电压增益及输出电阻的测试结果

R_{10}/kΩ	U_i/mV	U_o/mV	A_u/dB	R_o/kΩ
4.7				
∞				

③ 输入电阻的测量：在信号源与输入端电容之间接入阻值为 1 kΩ 的电阻，用数字万用表分别测量该电阻两端的电压，写入表 5-6 中，计算输入电阻。

表 5-6　输入电阻的计算结果

U_s/mV	U_i/mV	R_i/kΩ
2		

④ 频带宽度的测量：再将波特图仪与图 5-75 所示电路的输入和输出端连接，双击其图标 XBP1 可以分别得到两级放大电路的频率特性曲线。通过指针读出中频时电压增益、上限截止频率和下限截止频率，填入表 5-7 中，计算频带宽度。

表 5-7　频带宽度的测量计算结果

A_{um}/dB	f_L/Hz	f_H/Hz	f_{BW}/Hz

（2）负反馈放大电路的性能测试。接入反馈电阻 R_6 组成电压串联负反馈电路如图 5-77 所示。输入正弦波信号的幅值改为 5 mV，频率不变。

重复多级放大电路性能测试步骤②～④，将测试数据填入表 5-8 中，可以计算出负反馈放大电路的电压增益、输入电阻、输出电阻和频带宽度。U'_o 为负载开路时的输出电压。

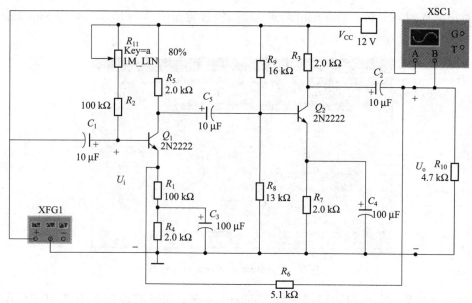

图 5-77 负反馈放大电路及函数发生器的设置

表 5-8 测试数据

测量值							计算值		
U_{sf}/mV	U_{if}/mV	U_{of}/mV	U'_{of}/mV	A_{umf}/dB	f_{Hf}/Hz	f_{Lf}/Hz	A_{uf}/dB	R_{if}/kΩ	R_{of}/kΩ
5									

分析比较两级放大电路开环和闭环的电压增益、输入电阻、输出电阻及频带宽度。

（3）应用 Multisim 2001 的仿真分析功能对负反馈电路进行性能测试实验电路如图 5-77 所示。

① 静态工作点的测试：点击 Simulate/ Analysis /DC Operating Point，根据电路图的显示节点（右键/Show/Show node name），选择计算三极管三个极所对应节点的电压值。

② 对电路作交流分析：AC Analysis 面板设置如图 5-78 所示，确定输出变量（节点），点击 Simulate 按钮，可以得到输出端的幅频特性曲线。记录指针显示的输出电压的数值，上限截止频率和下限截止频率，通过计算可以得到电压增益及频带宽度。

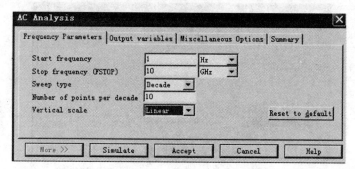

图 5-78 AC Analysis 面板设置

③ 对电路作瞬态分析：Transient Analysis 面板设置如图 5-79 所示，点击 Simulate 按钮，观察输出波形（要求观察 5 个周期）。

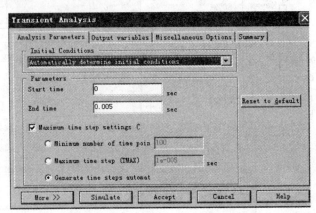

图 5-79　Transient Analysis 面板设置

④ 对反馈电阻 R_6 作参数扫描。Parameter Sweep 面板的设置如图 5-80 所示，点击 Simulate 按钮，得到反馈电阻 R_6 分别为 2 kΩ、8 kΩ、14 kΩ、20 kΩ 时的瞬态分析结果，自拟表格并写出结论。

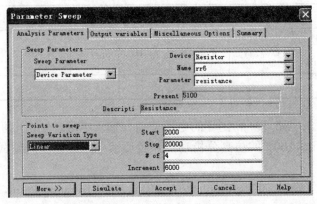

图 5-80　Parameter Sweep 面板的设置

⑤ 对电路作温度扫描。Temperature Sweep Analysis 面板的设置如图 5-81 所示，观察温度分别为 −20 ℃、0 ℃、27 ℃、100 ℃ 时电路的瞬态特性，自拟表格并写出结论。

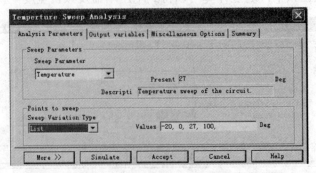

图 5-81　Temperature Sweep Analysis 面板的设置

5.4.4 集成运放的应用

1. 实验目的

（1）熟悉运算放大器的工作特性。

（2）学习运算放大器的测试与分析方法。

2. 实验内容与步骤

（1）反相比例放大器。

① 按图 5-82 所示电路选取元件并连接。
- 其中从模拟器件库选器件 741。
- 从电源库中选电压源 V_{CC}，分别设置为 V_{CC} 和 V_{EE}。
- 从基本元件库中选取电阻。
- 从仪器工具栏选取信号发生器和示波器。

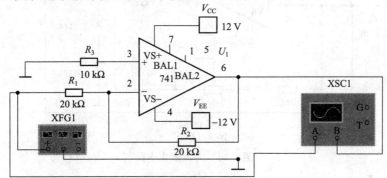

图 5-82 反相比例放大器

② 将信号发生器设置成频率为 1 Hz，幅值为 1 V 的正弦波。

③ 点击仿真开关，观察示波器的显示波形，记录输出与输入波形的幅值与相位关系，分析得出结论。

（2）反相输入滞回比较器。

① 实验电路如图 5-83 所示，输入信号是频率为 1 kHz，幅值为 5 V 的正弦波。

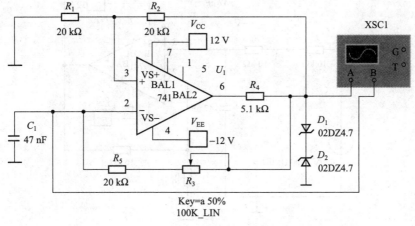

图 5-83 反相滞回比较器电路

② 运行仿真,观察并记录输出波形与输入波形的对应关系,测量输出电压幅值及阈值电压。

③ 示波器选择 B/A 方式,观察并记录电压比较器的电压传输特性,测量与 X、Y 轴相交的电压值。

(3) 方波发生电路。

① 按图 5-84 所示电路选取元件并连接。

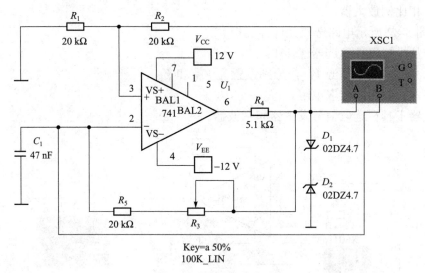

图 5-84 方波发生电路

② 从仪器工具栏调出示波器并按图连接。

③ 点击仿真开关,观察示波器的显示波形,记录输出波形。

④ 改变电阻 R_3,观察输出波形振荡频率的变化。

(4) 有源低通滤波电路。有源低通滤波电路如图 5-85 所示,利用交流分析(AC Analysis),得到频率特性,从特性曲线中找出上限截止频率 f_H。

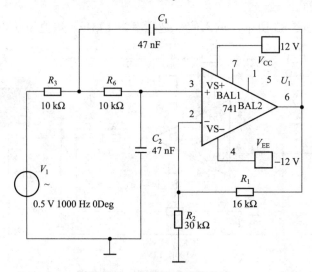

图 5-85 有源低通滤波电路

第 6 章　设计型实验

6.1　设计型实验基础

电子电路设计型实验是在数字电路和模拟电路基础实验的基础上所进行的以设计和调试为重点的综合型实验，是对学生学习和掌握电子技术课程的综合训练。它对开发学生智力、培育创新意识、提高设计电子电路及解决实际工程问题能力起着重要作用，是学生理论联系实际，加强工程实践训练，提高设计与调试技能的重要教学环节。

设计型实验要求学生独立进行某一课题的设计、安装和调试。学生根据给定题目的功能和技术指标，确定电路的总体方案，设计电路的具体结构，选择或计算元器件参数，直至最后安装调试成功并写出总结报告。通常先借助 EDA 软件对电路进行仿真调试与优化设计，在仿真运行的基础上再进行硬件电路板的安装与调试。

与传统基础型实验相比，学生在设计型实验中有较大的自主空间，从设计方案拟定、元器件参数选取、安装调试到最后完成具有自主性和灵活性。在设计过程中，通过查阅文献与工具书，可以提高检索文献资料和查阅工程手册的能力，培养学生收集处理信息及获取新知识的能力。通过对课题实施方案的可行性分析论证，学生不断修改完善课题设计，使自学能力、分析问题和解决问题的能力得到提升，对学会科学的思维方法、科学的学习方法和研究方法起到良好的促进作用。同时，可以提高学生使用新技术、新器件及现代化电子技术设计手段的能力，能够进一步熟悉常用电子仪器的使用方法，通过撰写报告可以锻炼学生的总结能力及写作科技论文的能力。

6.1.1　一般设计方法

设计型实验大体可分为总体方案论证与设计、单元电路设计、构建总体电路图、电路安装与调试、撰写总结报告五个阶段。

1. 总体方案论证与设计

学生拿到设计课题后，首先要认真分析研究该课题的设计任务、系统功能及技术指标要求。在此基础上通过广泛查阅收集技术资料，开阔视野，利用已有的理论技术知识，先进行原理方案的设计。要多构思几种方案，通过比较论证，选出最为合理的方案。理论设计方案是带有全局性的理论构思，常用粗线条的功能框图来表示。通过进一步明确每一个功能框的技术关键，设计关键内容的可行性方案。对每一个功能框再进行科学的细分，最后确定出课题的总体设计方案框图。

2. 单元电路设计

总体设计方案框图中的每一个功能框还仅是原理性的，还要根据课题的总体技术要求对各个功能框进行单元电路的设计。对应一定的功能要求，单元电路结构形式会多种多样。要结合实验室提供的器件条件，对单元电路的结构形式进行分析比较，择优选取。对元器件参数进行初步估算后，利用 EDA 仿真工具进行仿真，经反复修改满足要求后把参数值确定下来。

工程上有许多常用的、典型的单元电路可供参考，像各种编码电路、译码电路、数据选择或分配电路、A/D 或 D/A 电路、运算电路、比较电路、振荡电路等，适当修改参数后通常能够满足要求。不论参考现成的电路还是自拟电路，为可靠起见均应单独调试。

3. 构建总体电路图

各单元电路确定之后，按照总体设计方案框图的拓扑结构，把它们连接起来就形成了总体电路图。它是电子电路设计的重要文件，是搭建、调试乃至维修电路的依据。总体电路结构图牵扯到电路的方方面面，存在由不完善到逐渐完善的过程，正式的总体电路图往往是在整体电路安装调试完成后定稿，它应能清晰地表明电路的组成、各部分的联系及各种信号的流向。总体电路图要尽量画在一张纸上，其整体布局要合理，图形符号、文字标识要规范，所有连接线应清晰、工整。总体电路图是电路原理图，不是实际接线图，它通常不反映各元器件引脚的实际位置。

应该指出，在 EDA 仿真软件应用越来越普遍的今天，电子电路的设计型实验应充分利用计算机辅助分析与设计手段。有了整体电路图后就可以先进行仿真调试，在仿真过程中发现问题解决问题，这样往往能收到事半功倍的效果。然而，为了提高学生的实际动手能力，仅停留在电路仿真的层面是不够的，还需要学生自己动手在电路板上安装调试电路。

4. 电路的安装与调试

与基础型实验相比，设计型实验电路结构更复杂，安装调试中考虑的因素要多。电子电路的安装与调试在工程上是一门很重要的技术，它直接影响着产品的电气性能与质量，对后续的维修也影响很大，不可忽视。在第 1 章 1.1.4 节曾介绍过电子电路安装调试中的注意事项，这里不再重复。

可以说电路调试的过程是发现故障与解决故障的过程。对于一些较简单的故障，通过更换故障元器件和更改错误连线就能解决，但对于一些较复杂的故障，不排除需要调整多个单元的电路设计或变换多项参数，这不是件轻而易举的事情。要想对电路故障做出明确诊断，要求学生必须熟悉整体电路结构及工作原理，了解所用器件的特性，清楚各测试点正常测量值的范围。只有这样才能使故障查询与处理更容易些。一旦找出故障的原因和部位，排除这些故障要相对容易。下面是查找故障的一些常用方法。

（1）若上电后在测试点检测不到电位，首先应检查供电系统。先断开负载，检查稳压电源输出是否正常。如不是稳压电源故障，要检查电路中集成芯片及主要元器件的供电电压是否正常。

（2）顺着信号流向，检查电路关键点上的电压，观察其工作波形在形状、幅度、频率等方面是否符合要求，如发现某观察点的信号特征与预期结果不符，采用"故障点跟踪测试法"向前一级查找，一级一级查下去，直至找到故障源。

（3）若某个模块的输出有异常，断开它的负载进行测试，如仍然不正常，则可判断故障来自模块本身而不是负载。

（4）对故障单元模块内部进行检查时，常用的方法是在该模块的输入端施加一个合适的激励信号，依信号流向逐点观察各输出信号是否正常，从而找出故障点。

（5）用功能正常的单元电路或元器件替代怀疑有故障的单元电路或元器件。

5. 撰写设计总结报告

总结报告是对整个设计型实验全过程的分析总结。在第 1 章 1.1.3 节要求的基础上，要重点体现以下内容：

（1）课题的设计任务与技术指标要求。

（2）设计方案的论证与选择。要写明比较论证的过程，画出总体设计方案的理论原理框图。

（3）调试成功的单元电路图及其工作原理，参数计算及选取说明。

（4）总体电路原理图，工作原理的简要说明。

（5）EDA 工具软件仿真结果。

（6）实验结果的表述及分析等。

6.1.2 设计与调试中的注意事项

1. 电路结构简单、设计合理

在电路设计中，能实现同一功能的电路结构形式有多种多样，在满足性能指标的前提下电路越简单实用越好。电路复杂会带来安装调试的困难，不追求使用高档器件。

2. 考虑电路工作的稳定性

根据器件在电路中所起的作用，应合理选择元器件。关键器件不能选择容差大、参数不稳定的器件。要减少元器件的数量和种类，在可能情况下尽量采用集成电路。器件的型号、种类、数量越多，电路越复杂，工作可靠性越是难以保证。在元器件、引线的布局方面应避免相互干扰。

3. 元器件参数选择合理

交流电网电压的波动和环境温度的变化对电路的工作是有影响的，计算电路参数时应按最不利因素考虑。另外，元器件在实践工作环境中所承受的电压、电流、功耗、频率等参数都应在允许范围内，选择时应留有不少于 1.5 倍的裕量。

4. 合理布置接地线

电子电路的"地"一般是指电路的公共参考点。实验中为减少各级电流通过地线时相互间的干扰，各单元电路的地直接相连，然后再分别接到电路公共的地上。注意数字电路与模拟电路不要共用一条地线。

5. 使用标准接口

使用国际标准接口，便于功能扩展及数据传输和通信。

6. 测试仪器接地

使用测量仪器时应注意仪器的地线与被测电路的地线相连，避免因仪器使用不当而出现的差错。

7. 认真做调试记录

实验调试记录是电路技术性能的记载，是科学分析的依据，是十分重要的技术文件。遗憾的是这一点往往被学生忽略。调试过程中一定要在仔细观察的基础上，认真记录故障现象、故障原因分析、解决办法及效果等，为总结报告积累素材。

6.2 实验题目

如前所述，设计型实验是一个比较复杂的过程。考虑到学时数及实验条件，本节的设计题目要求是粗线条的，这样对器件选用的限制较小，有利于学生主观能动性的发挥。受到实验经费的制约，设计中应尽量选用实验室能提供的通用器件。当然，在实际工作中选用合适的专用器件会使电路更简单，性能会更好。

6.2.1 实验 1 简易数字电压表

1. 实验目的

（1）掌握简易数字电压表的基本设计方法。
（2）熟悉电压—频率转换的概念及其电路实现。
（3）进一步熟悉电子电路的安装调试方法。

2. 实验内容与要求

（1）利用电压—频率转换原理实现电压测量，测量值由数码管显示。
（2）被测电压值为正值，测量范围为 0～9.99 V。
（3）测量结果用三位数码管显示 0.00～9.99。
（4）数码管每 2 s 刷新一次。
（5）按要求安装调试电路。

3. 题目简要说明

数字电压表是直接用数字显示被测电压值的仪表。一种简易数字电压表的总体方案框图如图 6-1 所示。其基本原理是采用电压—频率转换，将输入电压转换成频率与之成正比的计数脉冲，通过在单位时间内对脉冲的计数反映输入电压的值。

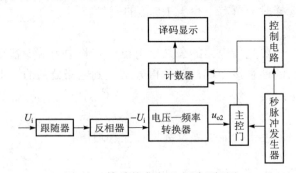

图 6-1 简易数字电压表原理框图

实现电压—频率转换的方法很多，图 6-2 是其中的一种，它由锯齿波产生电路和触发器组成，其中运放实现反方向积分。在积分期间，三极管 VT_1 处于截止状态，在输出端 u_{o1} 可获得正向锯齿波电压。当 u_{o1} 电压增大到一定值（U_T）时，三极管 VT_2 由截止转为饱和，VT_2 的集电极输出低电平，Q 端输出低电平，u_{o2} 转为高电平。$\bar{Q}$ 端输出的高电平控制 VT_1 的基极，使 VT_1 由截止转为饱和，电容 C 迅速放电。电容上的电压下降，使 u_{o1} 迅速由高电平变为低电平，VT_2 转为截止，使 u_{o2} 恢复为低电平，同时积分电路又开始积分。如此周而复始，在 u_{o1} 形

成周期受 U_i 控制的锯齿波，在输出端 u_{o2} 得到和锯齿波同频率的计数脉冲，波形如图 6-3 所示。

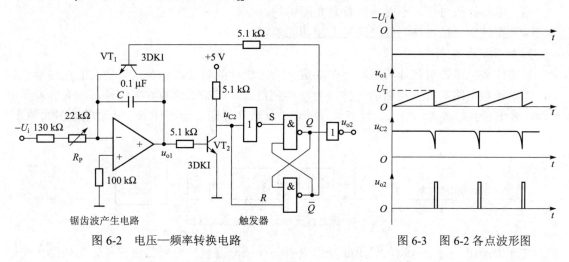

图 6-2 电压—频率转换电路　　　　　　图 6-3 图 6-2 各点波形图

图 6-1 中主控门的开启时间由秒脉冲控制，计数器在每秒钟内的计数值正好反映了锯齿波的频率。适当调整积分器的 R,C 值，使被测电压 5 V（电压—频率转换器输入为 –5 V）时，锯齿波电压的频率为 500 Hz，数码管显示 5.00V。

本课题要求测量的是正电压，因此在积分器前必须加入电压跟随器和反相器，这样可使简易数字电压表具有高输入阻抗，并且将输入的正电压变成电压—频率转换器所需要的负电压。

4. 预习要求

（1）根据题目要求查阅相关技术资料，熟悉选用集成芯片的引脚图。

（2）设计电路，画出完整的电路图，标出元器件参数、型号及引脚。

（3）拟定电路调试方法步骤。

5. 总结报告要求

根据 1.1.3 和 6.1.1 中 5 的要求撰写报告。

6. 思考题

（1）分析提高数字电压表精度的方法。

（2）构思 $3\frac{1}{2}$ 位数字电压表的原理框图。

6.2.2　实验 2　流水生产线产品自动统计电路

1. 实验目的

（1）掌握生产流水线产品统计课题的基本设计方法和整体电路实现。

（2）熟悉各功能模块单元电路的具体设计方法。

（3）了解脉冲调制光源的概念。

2. 实验内容与要求

设计一个自动测量流水生产线产品（汽水、啤酒、罐头、牛奶等罐装、盒装产品）数量的电路。要求：

（1）采用光电耦合器件作为输入元件，挡一次光，显示器加 1。

（2）手控启动后，从"0"开始显示动态产品数量。
（3）电路计数可靠，不受周围背景光源影响。
（4）设计并调试电路，使之满足上述功能要求。

3．题目简要说明

自动计数电路是对高速流水线上产品进行动态统计的装置，实现这一功能的电路形式较多，光电计数电路是其中常用的一种。为采集到是否有产品挡光的数字信号，应有脉冲调制光源、光电转换、放大、整形、数字信号处理、计数和译码显示等环节。其原理框图如图6-4所示。

图6-4 流水线光电计数电路原理框图

实际生产中，通常光输入采用脉冲电流驱动（脉冲调制）发光二极管，光电转换由光电三极管构成的共发射极放大电路实现。它们分别位于产品传送带两侧。传送带有产品经过时光电三极管接收到的光明显减弱，经后续电路处理，形成产品计数信号。之所以采用脉冲调制发光二极管而不用连续光源，为的是加大发光二极管的工作电流，以提高发光亮度。因发光二极管的光强与工作电流成正比，为了使环境背景光不起作用，要求传送到光电三极管的有用信号光强变化远大于背景光变化。而发光二极管具有承受脉冲电流大，承受连续电流小的特点，存在 $i = I\sqrt{T/t_\mathrm{w}}$ 的关系，式中 i 为脉冲电流；I 为连续电流；T 为脉冲周期；t_w 为脉冲宽度。若选 $T \gg t_\mathrm{w}$，则脉冲调制光源的光强会比连续光源增大许多。

一般背景光的变化频率（车间日光灯闪烁100 Hz）较低，选择脉冲调制光源频率远高于背景光频率（5~10倍），后续电路再通过高通滤波滤除背景光干扰即可。此外使用光罩也可以减小背景光的影响。

实验中根据实验室提供的器件，也可以采用槽型光电耦合器。

4．预习要求

（1）根据题目要求查阅相关技术资料。
（2）设计电路，画出完整的电路图，标出元器件参数、型号及引脚。
（3）拟定电路调试方法步骤。

5．总结报告要求

根据1.1.3与6.1.1中5的要求撰写报告。

6．思考题

（1）若产品计数值达到100的整数倍时，以蜂鸣器发声0.5 s作为提示，电路应如何设计？
（2）如果产品在传送带上有晃动，可能会引起重复计数，在设计上如何消除该影响？

6.2.3 实验3 音乐灯光控制电路

1．实验目的

（1）掌握音乐灯光控制的基本实现方法。

(2) 熟悉同步脉冲和阶梯波产生电路的工作原理。

(3) 进一步熟悉电子电路的设计方法。

2. 实验内容与要求

设计一个音乐灯光控制电路，要求：

(1) 把输入的音乐信号分高、中、低三个频段分别控制三种颜色的彩色灯泡，灯泡由双向可控硅控制。

(2) 每组彩灯的亮度随各自输入音乐信号的大小分 8 个等级，信号最大时彩灯最亮。

(3) 高频段　2 000～4 000 Hz　　　　控制蓝灯

　　中频段　500～1 200 Hz　　　　控制绿灯

　　低频段　50～250 Hz　　　　　控制红灯

(4) 电源电压 220 V，输入音乐信号大于 10 mV。

3. 题目简要说明

音乐灯光是音响与彩色灯光的结合，使音乐的旋律伴以颜色和亮度不同的灯光，使人的听觉和视觉获得综合的艺术享受。

根据课题要求，音乐灯光控制器原理方框图如图 6-5 所示。

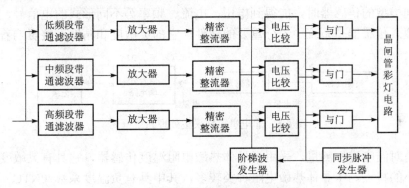

图 6-5　音乐灯光控制器原理方框图

音乐信号分成三个频率段，可用带通滤波器实现。不同频段的信号经过放大、精密整流后变为直流，其数值随音乐信号大小而上下浮动，把此电平作为参考电压加在电压比较器的一个输入端。阶梯波发生器输出的阶梯波加在比较器的另一个输入端，使比较器的输出电压高电平的持续时间与输入参考电压成正比。比较器的输出决定着与门的打开时间，以控制触发晶闸管的同步脉冲的个数，从而控制灯泡的亮度。

4. 预习要求

(1) 根据题目要求查阅相关技术资料。

(2) 设计电路，画出完整的电路图，标出元器件参数、型号及引脚。

(3) 拟定出电路调试方法步骤。

5. 总结报告要求

根据 1.1.3 与 6.1.1 中 5 的要求撰写报告。

6. 思考题

如调试中比较器的输出电压产生局部振荡现象，分析其原因，应如何消除？

6.2.4 实验 4 数字温度计

1. 实验目的
(1) 了解工农业生产中温度数据的采集和处理方法。
(2) 熟悉温度传感器的技术性能和特点。
(3) 了解用电子电路来测量和采集非电量的一般方法。

2. 实验内容与要求
设计一个数字式温度测量系统,要求:
(1) 用半导体热敏电阻作温度传感器。
(2) 温度测量范围 0 ℃～100 ℃,测量误差不大于 1 ℃。
(3) 由 LED 数码管显示温度值。
(4) 温度达到 100 ℃时,蜂鸣器发出声响 3 s。

3. 题目简要说明
用电子电路来测量和采集非电量(温度、压力、流量等物理量或化学量等)的系统框图如图 6-6 所示。图中传感器将被测对象转换成与之有确定函数关系的电信号,同一种被测量对象采用不同类型的传感器时,能得到电压、电流、频率等不同形式的电信号,以供给后面电路进行处理。传感器是系统中十分重要的部件,它的灵敏度和精度直接影响着整个系统的性能。

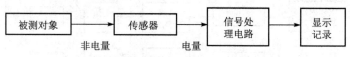

图 6-6 非电量数据采集处理系统框图

本课题是对温度进行测量,采用半导体热敏电阻温度传感器,它具有灵敏度高、反应速度快、体积小的特点。半导体热敏电阻种类较多,其中具有负温度系数(NTC)的热敏电阻适合温度的连续测量。其阻值和温度的关系为 $R_T = Ae^{B/T}$,式中 T 为热力学温度,单位为 K;R_T 是温度为 T 时的阻值,单位为Ω;参数 A、B 与材料和结构有关。半导体热敏电阻的阻值与温度的关系是非线性的,温度越高,阻值越小,可根据型号通过查阅手册获得具体参数。

4. 预习要求
(1) 根据题目要求查阅相关技术资料。
(2) 设计电路,画出完整的电路图,标出元器件参数、型号及引脚。
(3) 拟定出电路调试步骤及校准方法。

5. 总结报告要求
根据 1.1.3 和 6.1.1 中 5 的要求撰写报告。

6. 思考题
为了远距离传输,如何把热敏电阻输出的电压信号转变为标准的 4～20 mA 电流信号?

6.2.5 实验 5 简易电容测量仪

1. 实验目的
(1) 熟悉电容容量的一般测试方法。

(2）进一步掌握单稳态触发器、微分电路的应用。
(3）熟悉显示电路的通用设计方法。

2. 实验内容与要求

设计一种能测量电容容量的简易电容测量仪。要求：
(1）电容量的测量范围是 100 pF～100 μF。
(2）不少于两个测量量程。
(3）用三位 LED 数码管显示测量值。
(4）完成整机调试。

3. 题目简要说明

要实现对电容容量的测量，首先要解决如何把电容的容值变换成与之成正比的电量（电压、电流、频率、脉宽等）。解决的方案很多，比较简单的方法是利用单稳态触发器的特性，把被测电容的容量 C_X 变换成单稳态电路的暂稳态宽度 T_W，$T_W \approx 1.1RC_X$，可见 T_W 与 C_X 成正比。用脉宽 T_W 作时钟脉冲信号的门控信号，再由计数器对时钟脉冲进行计数，如此便实现了电容容量 C_X 到脉冲个数的转换。简易电容测量仪的原理框图如图 6-7 所示。图中微分电路输出的尖脉冲，可作计数器的自动清零信号。

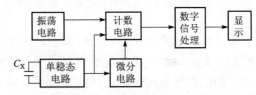

图 6-7　简易电容测量仪的原理框图

量程的设计方法有多种，例如改变单稳态电路中的定时电阻 R，或者改变振荡器输出时钟脉冲的频率等。

4. 预习要求

(1）根据题目要求查阅相关技术资料。
(2）设计电路，计算电路参数，画出完整的电路图，标出元器件参数、型号及引脚。
(3）拟定出电路调试步骤及校准方法。

5. 总结报告要求

根据 1.1.3 与 6.1.1 中 5 的要求撰写报告。

6. 思考题

构思课题自动切换量程的实现方案。

6.2.6　实验 6　开关型直流稳压电源

1. 实验目的
(1）掌握直流稳压电源的基本构成。
(2）熟悉开关型直流稳压电源的设计方法。
(3）了解脉宽调制的概念。
(4）进一步熟悉模拟电路的设计方法。

2. 实验内容与要求

设计一个开关型直流稳压电源。要求：
(1）输入交流电压 220 V（50～60 Hz）。
(2）输出直流电压 5 V，输出电流 3 A。

(3) 输入交流电压有 ±30 V 变化时,输出电压相对变化量小于 2%。

(4) 输出电阻小于 0.1 Ω。

(5) 输出最大纹波电压小于 10 mV。

3. 题目简要说明

直流稳压电源分为线性型和开关型两大类。因开关型稳压电源效率高、电压调整性能好、体积小、质量轻,广泛应用于计算机、家电、自动化仪表等便携式电子产品的供电。

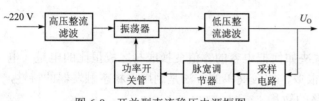

图 6-8 开关型直流稳压电源框图

开关型直流稳压电源结构形式有多种,它们的工作频率都在 20 kHz 以上。一种由市电供电的开关型稳压电源结构框图如图 6-8 所示。

图中 220 V 的市电经高压整流滤波后得到 300 V 的直流电压,该电压作为振荡器的电源。振荡器和低压整流电路构成直流变换器,把已知的直流电压变换为需要的直流电压,它是开关型稳压电源的核心。输出直流电压经过采样电路送入脉宽调节器,脉宽调节器输出的高频脉冲控制功率开关管的饱和导通时间。这样就实现了用输出电压的变化调整高频脉冲波形的占空比,进而能够自动调节输出电压,使其保持稳定。

设计中要注意选用导通电阻小、压降小、高速、大电流开关器件,使其适应 20 kHz 以上开关频率工作;电感 L 要用足够粗的导线绕制;脉宽调节器可选用合适的集成组件。

4. 预习要求

(1) 根据题目要求查阅相关技术资料。

(2) 设计电路,计算电路元件参数值及电路参数,画出完整的电路图,标出元器件参数、型号及引脚。

(3) 拟定出电路调试方法步骤。

5. 总结报告要求

根据 1.1.3 与 6.1.1 中 5 的要求撰写报告。

6. 思考题

在稳压电源的调试过程中,电源的负载电阻 R_L(又称假负载)应如何选取?

第7章 常用集成电路元器件

7.1 常用模拟集成电路简介

7.1.1 集成运算放大器 μA741

1. 引脚排列图

μA741集成运算放大器的引脚排列如图7-1所示。

图 7-1　μA741的引脚排列图

2. 参数规范

μA741集成运算放大器的主要参数列于表 7-1 中。

表 7-1　μA741 集成运算放大器的主要参数

测试条件：$t = 25$ ℃，$V_{CC} = 15$ V

符号	参数	条件	最小值	典型值	最大值	单位
V_{IO}	输入失调电压			2	6	mV
I_{IO}	输入失调电流			20	200	nA
I_B	输入偏置电流			80	500	nA
R_{IN}	输入电阻		0.3	2.0		MΩ
C_{INCM}	输入电容			1.4		pF
V_{IOR}	失调电压调整范围			±15		mV
V_{ICR}	共模输入电压范围		±12.0	±13.0		V
CMRR	共模抑制比	$V_{CM} = ±13$ V	70	90		dB
PSRR	电源抑制比	$V_S = ±3 \sim ±18$ V		30	150	μV/V
A_{VO}	开环电压增益	$R_L \geq 2$ kΩ，$V_O = ±10$ V	20	200		V/mV
V_O	输出电压摆幅	$R_L \geq 10$ kΩ	±12.0	±14.0		V

续表

符号	参数	条 件	最小值	典型值	最大值	单位
SR	摆率	$R_L \geqslant 2 \text{ k}\Omega$		0.5		V/μs
R_O	输出电阻	$V_O = 0$，$I_O = 0$		75		Ω
I_{OS}	输出短路电流			25		mA
I_S	电源电流			1.7	2.8	mA
P_d	功耗	$V_S = \pm 15 \text{ V}$ 无负载		50	85	mW

7.1.2 四通用单电源运算放大器 μA324

1. 引脚排列图

μA324 四通用单电源运算放大器的引脚排列如图 7-2 所示。

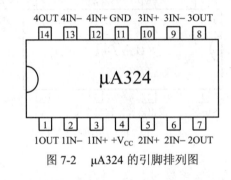

图 7-2 μA324 的引脚排列图

2. 参数规范

μA324 运算放大器的主要参数列于表 7-2 中。

表 7-2 μA324 运算放大器的主要参数

符号	参数	条 件	最小值	典型值	最大值	单位
V_{IO}	输入失调电压			2	7	mV
I_{IO}	输入失调电流			5	50	nA
I_B	输入偏置电流			45	250	nA
CMRR	共模抑制比	$V_{CM} = \pm 13 \text{ V}$	65	70		dB
PSRR	电源抑制比	$V_S = \pm 3 \sim \pm 18 \text{ V}$	65	100		dB
V_{VO}	开环电压增益	$R_L \geqslant 2 \text{ k}\Omega$	25	100		V/mV
V_O	输出电压摆幅	$R_L \geqslant 10 \text{ k}\Omega$	±13			V
I_{OS}	输出短路电流		10	20		mA

7.1.3 电压比较器 LM393

1. 引脚排列图

LM393 电压比较器的引脚排列如图 7-3 所示。

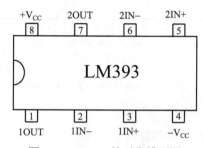

图 7-3 LM393 的引脚排列图

2. 参数规范

LM393 电压比较器的主要参数列于表 7-3 中。

表 7-3 LM393 电压比较器的主要参数

测试条件：$t = 25$ ℃，$V_{CC} = 15$ V

参数	条　件	最小值	典型值	最大值	单位
输入失调电压			±1.0	±5.0	mV
输入偏置电流			25	250	nA
输入失调电流	$I_{IN+} - I_{IN-}, V_{CM} = 0$		±5.0	±50	nA
输入共模电压范围	$V_{CC} = 30$ V			$V_{CC} - 1.5$	V
电源电流	$R_L = \infty$ 对所有比较器		0.4	1	mA
	$R_L = \infty$ 对所有放大器，$V_{CC} = 36$ V		1	2.5	mA
电压增益	$R_L \geqslant 15$ kΩ，$V_{CC} = 15$ V	50	200		V/mV
响应时间	$V_{R_L} = 5$ V，$R_L = 5.1$ kΩ		1.3		μs
输出漏电流	$V_{IN-} = 1$ V，$V_{IN+} = 0$，$V_O \leqslant 1.5$ V	6.0	16		mA
输出灌电流	$V_{IN-} = 0$ V，$V_{IN+} = 1$，$V_O = 5$ V		0.1		nA
饱和电压	$V_{IN-} = 1$ V，$V_{IN+} = 0$，$I_{SINK} \leqslant 4$ mA		250	400	mV

7.1.4 集成功率放大器 LA4100

1. 引脚排列图

LA4100 集成功率放大器的引脚排列如图 7-4 所示。

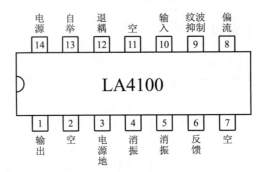

图 7-4　LA4100 的引脚排列图

2. 参数规范

LA4100 集成功率放大器的主要参数列于表 7-4 中。

表 7-4　LA4100 集成功率放大器的主要参数

测试条件：$t=25$ ℃

符号	参数	测试条件	最小值	标称值	最大值	单位
V_S	工作电源电压			9	12	V
I_Q	静态电流	$V_{IN}=0$ $V_S=12\text{ V}$		15	25	mA
R_{IN}	输入电阻		12	20		kΩ
P_{OUT}	输出功率	THD=10% $V_S=12\text{ V}, R_L=4\text{ Ω}$	1.3	2.1		W
A_V	电压增益			70		dB
T_{HD}	总谐波失真	$V_S=12\text{ V},$ $P_{OUT}=250\text{ mW},$ $f=1\text{ kHz}$		0.5	1.5	%

7.1.5　三端集成稳压器 78 系列和 79 系列

目前常见的三端稳压器有输出正电压和输出负电压两种产品系列，每个系列又有小功率、中功率和大功率之分。

1. 引脚排列图

78××、79×× 三端集成稳压器的引脚排列如图 7-5 所示。

图 7-5　78××、79×× 三端集成稳压器的引脚排列图

78L××、79L×× 三端集成稳压器的引脚排列如图 7-6 所示。

图 7-6　78L××、79L××三端集成稳压器的引脚排列图

2．主要电参数

78 系列和 79 系列三端集成稳压器的主要参数列于表 7-5 中。

表 7-5　78 系列和 79 系列三端集成稳压器的主要参数

输出电压/V	偏差/V	最大电流/mA	产品型号	
			正输出	负输出
3	±0.15	100		79L03AC
	±0.3	100		79L03C
5	±0.25	100	78L05AC	79L05AC
	±0.5	100	78L05C	79L05C
	±0.25	500	78M05C	
	±0.2	1 500	7805AC	7905AC
	±0.25	1 500	7805C	7905C
6	±0.3	500	78M06C	
	±0.24	1 500	7806AC	7906AC
	±0.3	1 500	7806C	7906C
12	±0.6	100	78L12AC	79L12AC
	±1.2	100	78L12	79L12C
	±0.6	500	78M12C	
	±0.5	1 500	7812AC	7912AC
	±0.6	1 500	7812C	7912C

7.1.6　定时器 555 和 556

1．引脚排列图

555 和 556 定时器电路的引脚排列如图 7-7 所示。

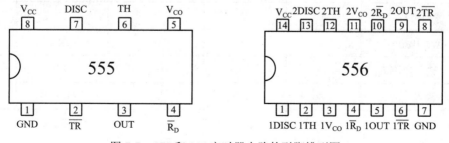

图 7-7　555 和 556 定时器电路的引脚排列图

2. 主要电参数

555和556定时器电路的主要参数列于表7-6中。

表7-6 555和556定时器电路的主要参数

测试条件：$t=25℃$

参数名称		测试条件	最小值	典型值	最大值	单位
电源电压			4.5		16	V
电源电流		$V_{CC}=5\text{ V}$，$R_L=\infty$		3	6	mA
定时误差	单稳态			0.75		%
	多谐			2.25		%
输出三角波电压		$V_{CC}=15\text{ V}$	4.5	5	5.5	V
		$V_{CC}=5\text{ V}$	1.25	1.67	2	
输出高电平		$V_{CC}=5\text{ V}$	2.75	3.3		V
输出低电平		$V_{CC}=5\text{ V}$		0.25	0.35	V
上升时间				100		ns
下降时间				100		ns
温度稳定性				±10		10^{-6} ℃

7.2 常用数字集成电路简介

7.2.1 几类常用数字集成电路的典型参数

表7-7列出了几类常用数字集成电路的典型参数。

表7-7 几种常用数字集成电路的典型参数

参数	74 （TTL）	74LS （TTL）	74HC （与TTL兼容的高速CMOS）	4000系列 CMOS电路	单位
电源电压范围	4.75~5.25	4.75~5.25	2~6	3~18	V
电源电压 V_{CC}	5	5	5		V
电源电流	24	12	0.008	0.004	mA
高电平输入电流 I_{IH}	40	20	0.1	0.1	μA
低电平输入电流 I_{IL}	-1 600	-400	0.1	0.1	μA
高电平输入电压 V_{IH}	2	2	3.15	3.5（$V_{DD}=5$） 7（$V_{DD}=10$） 11（$V_{DD}=15$）	V

续表

参数	74（TTL）	74LS（TTL）	74HC（与TTL兼容的高速CMOS）	4000系列CMOS电路	单位
低电平输入电压 V_{IL}	0.8	0.7	1.35	1.5（V_{DD}=5） 3（V_{DD}=10） 4（V_{DD}=15）	V
高电平输出电压 V_{OH}	2.4	2.7	3.98	4.95（V_{DD}=5） 9.95（V_{DD}=10） 14.95（V_{DD}=15）	V
低电平输出电压 V_{OL}	0.4	0.5	0.26	0.005（V_{DD}=5,10,15）	V
高电平输出电流 I_{OH}	−0.4	−0.4	−5.2	−1.3	mA
低电平输出电流 I_{OL}	16	8	5.2	1.3	mA
平均传输延迟时间 t_{pd}	15	15	30	150	ns

7.2.2 常用 TTL 数字集成电路功能及引脚图

常用 TTL 数字集成电路引脚图如图 7-8～图 7-28 所示。

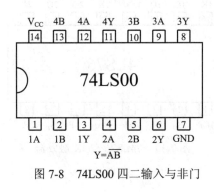

图 7-8　74LS00 四二输入与非门

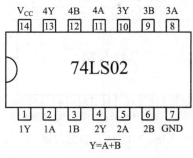

图 7-9　74LS02 四二输入或非门

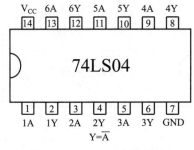

图 7-10　74LS04 六反相器

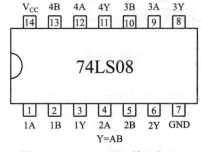

图 7-11　74LS08 四二输入与门

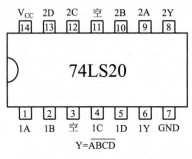

图 7-12　74LS20 二四输入与非门

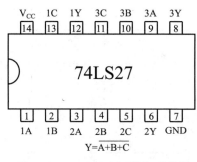

图 7-13　74LS27 三三输入或非门

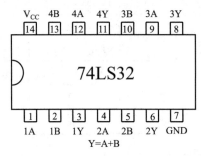

图 7-14　74LS32 四二输入或门

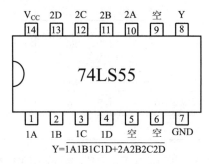

图 7-15　74LS55 四输入端两路与或非门

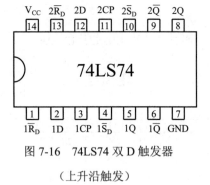

图 7-16　74LS74 双 D 触发器

（上升沿触发）

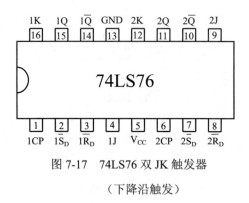

图 7-17　74LS76 双 JK 触发器

（下降沿触发）

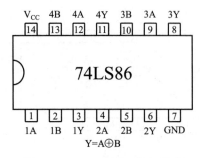

图 7-18　74LS86 四二输入异或门

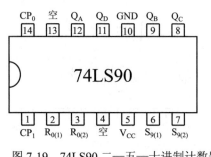

图 7-19　74LS90 二—五—十进制计数器

74LS90 的功能见表 7-8。

表 7-8 74LS90 的功能表

输		入		输		出	
$R_{0(1)}$	$R_{0(2)}$	$S_{9(1)}$	$S_{9(2)}$	Q_A	Q_B	Q_C	Q_D
1	1	0	×	0	0	0	0
1	1	×	0	0	0	0	0
×	×	1	1	1	0	0	1
×	0	×	0	计数			
0	×	0	×				
0	×	×	0				
×	0	0	×				

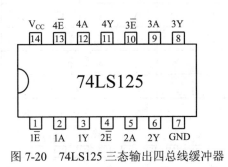

图 7-20 74LS125 三态输出四总线缓冲器

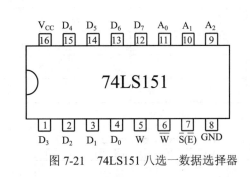

图 7-21 74LS151 八选一数据选择器

74LS125 的功能：$\overline{E}$ 为低电平时，$Y = A$；$\overline{E}$ 为高电平时，Y 为高阻状态。

74LS151 的功能见表 7-9。

表 7-9 74LS151 的功能表

输	入			输	出
$\overline{S}(\overline{E})$	A_2	A_1	A_0	W	$\overline{W}$
1	×	×	×	0	1
0	0	0	0	D_0	$\overline{D_0}$
0	0	0	1	D_1	$\overline{D_1}$
0	0	1	0	D_2	$\overline{D_2}$
0	0	1	1	D_3	$\overline{D_3}$
0	1	0	0	D_4	$\overline{D_4}$
0	1	0	1	D_5	$\overline{D_5}$
0	1	1	0	D_6	$\overline{D_6}$
0	1	1	1	D_7	$\overline{D_7}$

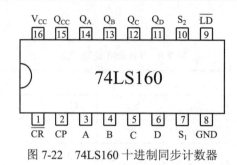

图 7-22 74LS160 十进制同步计数器

74LS160 的功能见表 7-10。

表 7-10 74LS160 的功能表

输入									输出			
CP	$\overline{CR}$	$\overline{LD}$	S_1	S_2	A	B	C	D	Q_A	Q_B	Q_C	Q_D
×	0	×	×	×	×	×	×	×	0	0	0	0
↑	1	0	×	×	A	B	C	D	A	B	C	D
×	1	1	0	×	×	×	×	×	保持			
×	1	1	×	0	×	×	×	×	保持			
↑	1	1	1	1	×	×	×	×	保持			

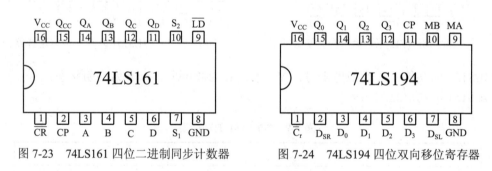

图 7-23 74LS161 四位二进制同步计数器　　图 7-24 74LS194 四位双向移位寄存器

74LS161 的功能表与 74LS160 的功能表相同，可参照表 7-10。

74LS194 的功能见表 7-11。

表 7-11 74LS194 的功能表

输入								输出			
CP	$\overline{C_r}$	MB	MA	D_0	D_1	D_2	D_3	Q_0	Q_1	Q_2	Q_3
×	0	×	×	×	×	×	×	0	0	0	0
↑	1	0	0	×	×	×	×	保持			
↑	1	0	1	×	×	×	×	D_{SL}	Q_0	Q_1	Q_2
↑	1	1	0	×	×	×	×	Q_1	Q_2	Q_3	D_{SR}
↑	1	1	1	D_0	D_1	D_2	D_3	D_0	D_1	D_2	D_3

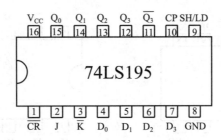

图 7-25　74LS195 四位移位寄存器（并行存取，$J-\overline{K}$ 输入）

74LS195 的功能：$\overline{CR}$ 为清零端，低电平有效。当 SH/LD 为"0"时，实现并行送数功能；当 SH/LD 为"1"时，并行数据被禁止送入，执行 $J-\overline{K}$ 输入功能。$J-\overline{K}$ 输入功能的真值见表 7-12。

表 7-12　$J-\overline{K}$ 输入功能的真值表

输	入	输 出
J	$\overline{K}$	Q_0^{n+1}
0	0	0
0	1	Q_0^n
1	0	$\overline{Q_0^n}$
1	1	1

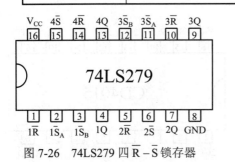

图 7-26　74LS279 四 $\overline{R}-\overline{S}$ 锁存器

图 7-27　74LS283 四位二进制超前进位全加器

74LS283 的功能：$S = A + B$，C_I 为低位来的进位，C_0 为向高位的进位。

图 7-28　74LS290 十进制计数器

74LS290 的功能表与 74LS90 的功能表相同，可参照表 7-8。

7.2.3　常用 CMOS 数字集成电路功能及引脚图

常用 CMOS 数字集成电路引脚图如图 7-29～图 7-47 所示。

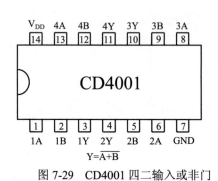

图 7-29　CD4001 四二输入或非门

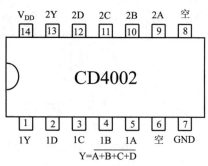

图 7-30　CD4002 四输入双或非门

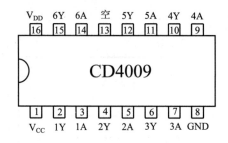

图 7-31　CD4009 六反相缓冲器/变换器

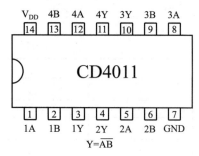

图 7-32　CD4011 四二输入与非门

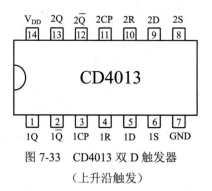

图 7-33　CD4013 双 D 触发器
（上升沿触发）

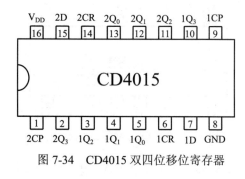

图 7-34　CD4015 双四位移位寄存器

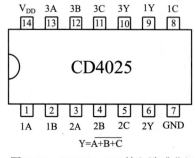

图 7-35　CD4025 三三输入端或非门

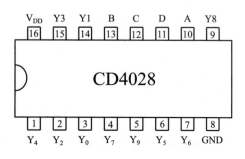

图 7-36　CD4028 BCD 十进制译码器

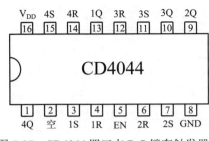

图 7-37 CD4044 四三态 R-S 锁存触发器

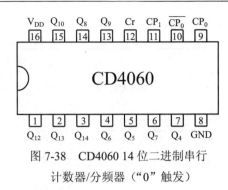

图 7-38 CD4060 14 位二进制串行
计数器/分频器（"0" 触发）

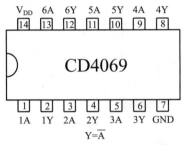

Y=$\overline{A}$

图 7-39 CD4069 六反相器

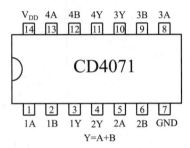

Y=A+B

图 7-40 CD4071 四二输入或门

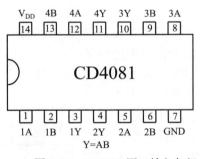

Y=AB

图 7-41 CD4081 四二输入与门

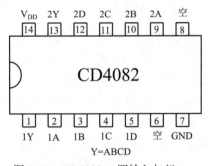

Y=ABCD

图 7-42 CD4082 二四输入与门

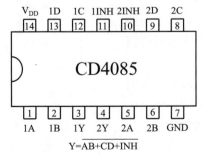

Y=$\overline{AB+CD+INH}$

图 7-43 CD4085 双二路二输入与或非门

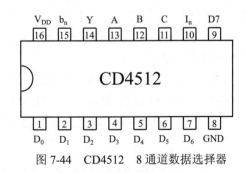

图 7-44 CD4512 8 通道数据选择器

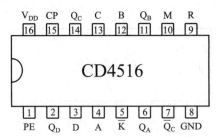
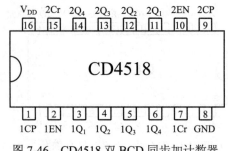

图 7-45 CD4516 二进制四位可预置可逆计数器　　图 7-46 CD4518 双 BCD 同步加计数器

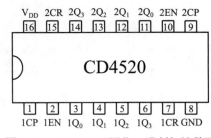

图 7-47 CD4520 双四位二进制加计数器

7.3 数 码 管

7.3.1 数码管简介

发光数码管的种类很多,实验中常用的是显示数字的标准七段数码管。数码管内的每一段笔画是一个发光二极管,不同的二极管导通发光便显示出不同的数字。

根据数码管内部连接的不同,可分为共阴极数码管和共阳极数码管。共阴极数码管的内部,各段发光二极管的负极连接在一起,构成图 7-48 中的"公共"端。使用时需将"公共"端接地,字段的引脚接高电平,即可显示出相应的字符来。和使用普通发光二极管一样,需在字段的引脚上串接限流电阻。共阳极数码管的内部,各段发光二极管的正极连接在一起,其引脚排列与共阴极数码管是一样的。使用时将"公共"端接正电源,相应字段的引脚接低电平,即可显示出相应的字符来。

数码管的型号有很多种,基本上是由生产厂家自定的。常用的共阴极数码管的型号有 LTS547R 型、LC5021-11 等;共阳极数码管的型号有 LT546R 等。

不同类型的数码管需要配备不同的译码器来驱动。共阴极数码管用正逻辑输出的译码器来驱动,如 74LS49（集电极开路器件）、74LS48 等器件;共阳极数码管用负逻辑输出的译码器来驱动,如 74LS47 等。

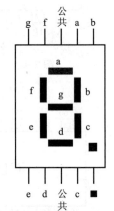

图 7-48 数码管的引脚图

7.3.2 CD4513BCD-7 段锁存/译码/驱动器简介

CD4513 以反相器作为输出,通常用以驱动七段数码管。

1. 引脚排列图

CD4513BCD-7 段锁存/译码/驱动器的引脚排列如图 7-49 所示。

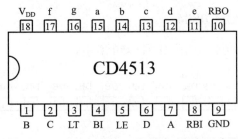

图 7-49 CD4513BCD-7 段锁存/译码/驱动器

2. 功能表

CD4513 的功能见表 7-13。

表 7-13 CD4513 的功能表

输入								输出							显示
RBI	LE	BI	LT	D	C	B	A	RBO	a	b	c	d	e	f	g	
×	×	×	0	×	×	×	×	×	1	1	1	1	1	1	1	8
×	×	0	1	×	×	×	×	×	0	0	0	0	0	0	0	消隐
1	0	1	1	0	0	0	0	1	0	0	0	0	0	0	0	消隐
0	0	1	1	0	0	0	0	0	1	1	1	1	1	1	0	0
×	0	1	1	0	0	0	1	0	0	1	1	0	0	0	0	1
×	0	1	1	0	0	1	0	0	1	1	0	1	1	0	1	2
×	0	1	1	0	0	1	1	0	1	1	1	1	0	0	1	3
×	0	1	1	0	1	0	0	0	0	1	1	0	0	1	1	4
×	0	1	1	0	1	0	1	0	1	0	1	1	0	1	1	5
×	0	1	1	0	1	1	0	0	1	0	1	1	1	1	1	6
×	0	1	1	0	1	1	1	0	1	1	1	0	0	0	0	7
×	0	1	1	1	0	0	0	0	1	1	1	1	1	1	1	8
×	0	1	1	1	0	0	1	0	1	1	1	1	0	1	1	9
×	0	1	1	1	0	1	0	0	0	0	0	0	0	0	0	消隐
×	0	1	1	1	0	1	1	0	0	0	0	0	0	0	0	消隐
×	0	1	1	1	1	0	0	0	0	0	0	0	0	0	0	消隐
×	0	1	1	1	1	0	1	0	0	0	0	0	0	0	0	消隐
×	0	1	1	1	1	1	0	0	0	0	0	0	0	0	0	消隐
×	0	1	1	1	1	1	1	0	0	0	0	0	0	0	0	消隐
×	1	1	1	×	×	×	×	×	锁存*							锁存*

*在 LE 从"0"转换到"1"时,由输入 BCD 码决定。

7.4 A/D 与 D/A 变换电路

7.4.1 A/D 转换器 ADC0804

8 位数/模转换器 ADC0804 的引脚如图 7-50 所示。

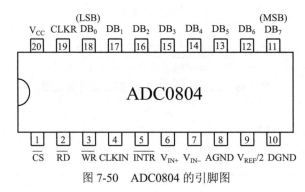

图 7-50 ADC0804 的引脚图

ADC0804 的参数见表 7-14。

表 7-14 ADC0804 的参数

符号	参数	测试条件	最小值	标称值	最大值	单位
V_{CC}	电源电压		4.5	5	6.3	V
t_A	温度范围		0		70	℃
T_C	转换时间	f_{CLK} = 640 kHz	103		114	μs
T_C	转换时间	f_{CLK} 不固定	66/f_{CLK}	640	73/f_{CLK}	s
f_{CLK}	时钟频率		100		1 460	kHz
	时钟占空比		40		60	%
CR	转换速率	f_{CLK} = 640 kHz	8 770		9 708	次/s

7.4.2 D/A 转换器 DAC0832

8 位模/数转换器 DAC0832 的引脚如图 7-51 所示。

图 7-51 DAC0832 的引脚图

DAC0832 的参数见表 7-15。

表 7-15　DAC0832 的参数

符号	参　　数	V_{CC} = 15.75 V	V_{CC} = 4.75 V	单位
t_s	电流建立时间	1.0	1.0	μs
t_W	写与传输控制信号的最小脉宽	320	900	ns
t_{DS}	数据重置的最小时间	320	900	ns
t_{DH}	数据保持的最小时间	30	50	ns
T_{CS}	控制信号重置的最小时间	320	1 100	ns
T_{CH}	控制信号保持的最小时间	0	0	ns

参 考 文 献

[1] 王远. 模拟电子技术基础（第3版）[M]. 北京：机械工业出版社，2007.
[2] 李庆常. 数字电子技术基础（第三版）[M]. 北京：机械工业出版社，2008.
[3] 张玉平. 电子技术实验及电子电路计算机仿真[M]. 北京：北京理工大学出版社，2001.
[4] 清华大学电子学教研组，华成英，童诗白. 模拟电子技术基础（第四版）[M]. 北京：高等教育出版社，2006.
[5] 高文焕，等. 电子技术实验[M]. 北京：清华大学出版社，2004.
[6] 张玉璞，李庆常. 电子技术课程设计[M]. 北京：北京理工大学出版社，1994.
[7] 毕满清. 电子技术实验与课程设计（第2版）[M]. 北京：机械工业出版社，2003.
[8] 叶淬. 电工电子技术实践教程[M]. 北京：化学工业出版社，2003.
[9] 高吉祥. 电子技术基础实验与课程设计（第二版）[M]. 北京：电子工业出版社，2005.
[10] 童诗白，徐振英. 现代电子学及应用[M]. 北京：高等教育出版社，1994.
[11] 彭介华. 电子技术课程设计指导[M]. 北京：高等教育出版社，1997.
[12] 刘联会，石军. 怎样检测电子元器件[M]. 福州：福建科学技术出版社，2002.
[13] 孟贵华. 电子技术工艺基础[M]. 北京：电子工业出版社，1993.
[14] 王澄非. 电路与数字逻辑设计实践[M]. 南京：东南大学出版社，1999.
[15] 李良荣. 现代电子设计技术——基于 Multisim 7 & Ultiboard 2001 [M]. 北京：机械工业出版社，2004.
[16] 黄智伟. 基于 Multisim 2001 的电子电路计算机仿真设计与分析[M]. 北京：电子工业出版社，2004.
[17] 郑步生，吴渭. Multisim 2001 的电路设计及仿真入门与应用[M]. 北京：电子工业出版社，2002.
[18] 李忠波，袁宏. 电子设计与仿真技术[M]. 北京：机械工业出版社，2004.
[19] 刘建清. 从零开始学电路仿真 Multisim 与电路设计 Protel 技术[M]. 北京：国防工业出版社，2006.
[20] 李燕民，温照芳. 电工和电子技术实验教程[M]. 北京：北京理工大学出版社，2005.
[21] 尹雪飞，陈克安. 集成电路速查大全[M]. 西安：西安电子科技大学出版社，1997.
[22] [美] 国家半导体公司. 通用线性电子器件数据手册[M]. 王树瑞，等，译. 北京：科学出版社，1995.